你一定要懂的
环保知识

王贵水◎编著

北京工业大学出版社

图书在版编目（CIP）数据

你一定要懂的环保知识 / 王贵水编著. —北京：
北京工业大学出版社，2015.2（2021.5重印）
ISBN 978-7-5639-4175-9

Ⅰ.①你… Ⅱ.①王… Ⅲ.①环境保护—普及读物
Ⅳ.①X-49

中国版本图书馆 CIP 数据核字（2014）第 303292 号

你一定要懂的环保知识

编　　著：王贵水
责任编辑：茹文霞
封面设计：泓润书装
出版发行：北京工业大学出版社
　　　　　（北京市朝阳区平乐园 100 号　邮编：100124）
　　　　　010-67391722（传真）　bgdcbs@sina.com
出 版 人：郝　勇
经销单位：全国各地新华书店
承印单位：天津海德伟业印务有限公司
开　　本：700 毫米×1000 毫米　1/16
印　　张：11.5
字　　数：125 千字
版　　次：2015 年 2 月第 1 版
印　　次：2021 年 5 月第 2 次印刷
标准书号：ISBN 978-7-5639-4175-9
定　　价：28.00 元

前　　言

在一望无际，茫茫无边的宇宙中，有一颗美丽的蓝色星球，这颗蓝色的星球，为我们提供充足的阳光、甘甜的雨露、奔腾的河流、浩瀚的大海和各种各样丰富的资源。她就是我们人类生存的家园——地球。地球上的生命在她的滋润下栖息繁衍，生生不息。

然而，在过去的上百年间，地球的平均温度在上升，冰川消融，海面上升，不知哪一天我们会置身汪洋大海之中。洪水冲走了我们可爱的家园，飓风席卷了城市各个角落，是天灾还是人祸？干涸的大地张着大口呼唤雨露，难道最后一滴水真的是我们的眼泪？我们的煤炭、石油、天然气还能用多久？我们的后代子孙还有可用的资源吗？面对种种危机，我们还在等什么？

地球呼唤绿色，我们需要绿色家园。建造一个拥有绿色生活、绿色能源、绿色经济、绿色交通的环保家园，刻不容缓！

事实上，面对人类生存环境的变化，人类并非无动于衷。国际社会和各国政府都做出了积极的反应，将保护地球环境问题作为最为重要的问题来对待。特别是 21 世纪以来，已有一系列有关环境的全球公约得以通过并实施。2000 年的联合国千年首脑会议通过的"千年发展目标"中有相当一部分与环境保护问题有关。2002 年可持续发展世界首脑会议上也就生物多样性及化学品管理等问题达成了协议。2004 年国际可再生能源会议上，与会各国通过了一项可再生能源国际行动计划。全球瞩目的旨在控制温室气体排放的《京都议定书》于 2005 年生效。这一系列的国际公约有利于推动环境问题的国际合作，并巩固和加强各国在环保目标上的承诺。

然而，尽管人类保护地球的行动取得了一些成果，但地球的命运却并没有因此而得到显著改善，我们所面临的环境挑战，依然十分严峻。联合国发布的《千年生态系统评估报告》显示，最近几十年来，人类在最大限度地从自然界获得各种资源的同时，也以前所未有的规模破坏了全球生态环境，生态系统退化的后果正在越来越清楚地显现出来。另外，我们已经看到，地震、海啸、冰暴、旱涝等重大破坏性的自然灾害频频发生，大自然在不停地警示与报复，这是我们今天面临的不可回避的现实。

近年来，随着我国快速发展工业化、城镇化，这一过程中所积累的环境问题进一步显现出来，特别要提的是，2013 年以来，我国部分地区反复出现雾霾，大气污染十分严重，给工业生产、交通运输和群众的健康带来了较大的影响。

雾霾不仅在北京地区出现，城乡之间、东中西部，有时大半个中国都会同时出现大气污染的问题。中国气象局副局长宇如聪解释说，首先因为我国的自然条件不利于污染物的扩散，其次是我们人口众多，在建设美丽中国过程中还是要解决吃饭问题、发展问题，所以解决雾霾是个循序渐进的过程。针对雾霾天气和长时间悬浮于空气中细颗粒 PM2.5 等一系列环境污染新问题，有环保专家建议将环境保护与政绩考核挂钩。建立更加严格的环境保护制度，将污染物排放总量（如 PM2.5）纳入国家约束性指标，完善污染监测、预警和风险评估机制，加强环境监督体系建设，严格规范企业排污，健全空气和水污染的应对体系。同时，实施空气和水污染治理重点工程，加强交通、能源、建筑施工、市政保洁、水源保护与治理、生活污水处理等重点领域的整治工作，从源头控制污染物；完善空气污染、水污染治理相关法律法规体系，提高违法成本，用重典治理空气和水污染违法行为。

面对环境污染日益严峻的新问题。我们该怎么办？我们能做些什么？

是的，我们一直在努力。我们有世界环境日、无车日、减灾日、无烟日、湿地日等，我们有节能减排、植树、生物多样性保护、防治荒漠化和干旱等活动，我们还有垃圾归类、电池回收、环保购物减少、白色污染等措施……

但是，人类的经济生产活动在不断地膨胀，新技术还在不断地涌现，环境保护面临着一个又一个新的难题，且日趋严重。

为了我们人类共同生存的地球家园，现在，我们每一个人、每一个民间组织和社会团体、每一个国家政府以及国际社会组织，都已经别无选择，必须通力合作，长期协作。我们需要的是一场永无止境的战斗，一场保卫家园的战斗。

本书从饮食、住房、服装等我们力所能及的方面介绍了如何绿化我们的家园。要知道，建造绿色星球，不仅是专家、学者、政府官员能做到的，我们也可以为她出一分力。

从现在开始，节约一滴水，节省一度电，多种一棵树，少伐一片林，抵制有害产品，支持绿色产品，让我们的绿色足迹遍布整个星球，用我们的小行动拯救大地球！世界也会因为我们的努力变得更加美好！

目　　录

第一章　你要知道的环保知识

第二章　生活中应该知道的环保科普常识

第三章　没人告诉你的环保服装常识

第四章　你一定要掌握的环保饮食常识

第五章　你要了解的绿色生态环保住房

第一章

你要知道的环保知识

环境是以人类社会为主体的外部世界的总和。它包括已经为人类所认识的、直接或间接影响人类生存和发展的物理世界的所有事物。爱护环境、保护环境则是每一个人应负应尽的职责和义务，只有让每一个人都充分掌握环境保护的知识，才能使我们的环境更加美丽。

地球面临的危害

一、土壤遭到破坏

据媒体报道，目前有110个国家（共10亿人）的可耕地的肥沃程度在降低。在非洲、亚洲和拉丁美洲，由于森林植被的破坏、耕地的过分开发和牧场的过度放牧，土壤剥蚀情况十分严重。裸露的土地变得脆弱了，无法长期抵御风雨的剥蚀；在有些地方，土壤的年流失量可达每公顷100吨。另外，化肥和农药的过多使用，与空气污染有关的有毒尘埃的降落，泥浆的到处喷洒，污染废料的到处抛弃，所有这些都在对土地构成一般意义上的不可逆转的污染。

二、气候变化和能源浪费

据有代表性的2500名专家预计：地球的海平面将升高，许多人口稠密的地区（如孟加拉国、中国沿海地带以及太平洋和印度洋上的多数岛屿）都将被海水淹没；气温的升高也将给生态系统和农业带来严重影响；1990年至2010年，亚洲和太平洋地区的能源消费将增加一倍，拉丁美洲的能源消费将增加50%到70%。因此，西方和发展中国家之间应加快能源节约技术的转让进程。我们特别应当采用经济鼓励手段，使工业家们开发改进工业资源利用效率的工艺技术。

三、生物的多样性减少

由于城市化、农业发展、森林减少和环境污染，自然区域变得越来越小了，这就导致了数以千计物种的灭绝。一些物种的灭绝不仅会导致许多可被用于制造新药品的分子归于消失，而且还会导致许多有助于农作物战胜恶劣气候的基因归于消失，甚至还会引起新的瘟疫。

四、森林面积减少

最近几十年以来，热带地区国家森林面积减少的情况也十分严重。从1980年至1990年，世界上有1.5亿公顷森林消失了。按照这种森林面积减少的速度，40年以后，一些东南亚国家就再也见不到一棵树了。

五、淡水资源受到威胁

据专家估计，从21世纪初开始，世界上将有1/4的地方长期缺水。请记住，我们不能造水，我们只能设法保护水。

六、化学污染

工业生产带来的数百万种化合物存在于空气、土壤、水、植物、动物和人体中。即使作为地球上最后的大型天然生态系统的冰盖也受到污染。那些有机化合物、重金属、有毒产品，都集中存在于整个食物链中，最终将威胁到动植物的健康，引起癌症，导致土壤肥力减弱。

七、混乱的城市化

联合国发布的《世界城镇化展望（2014年版）》指出，截至2014年，全球共有28个人口上千万的超大城市，其中中国城市占据六席。大城市里的生活条件将进一步恶化：拥挤、水被污染、卫生条件差、无安全感——这些大城市的无序扩大也损害到了自然区。因此，无限制的城市化应当被看作文明的新弊端。

八、海洋的过度开发和沿海地带被污染

由于过度捕捞，海洋的渔业资源正在以可怕的速度减少。因此，许多靠捕鱼为生的穷人面临着饥饿的威胁。集中存在于鱼体内的重金属和有机磷化合物等物质有可能给食鱼者的健康带来严重的威胁。沿海地区受到了巨大的人口压力，全世界有60％的人口挤在离大海不到100千米的地方。这种人口拥挤状态使这些很脆弱的地方失去了平衡。随着沿海地带污染的加重，情况更加危急。

九、空气污染

多数大城市里的空气中含有许多因取暖、运输和工厂生产所带来的废气污染物。这些污染物严重威胁着数千万市民的健康，许多人也因此而失去了生命。

十、极地臭氧层空洞

尽管人们已签署了保护臭氧层的《蒙特利尔协定书》，但每年春天，在地球的两个极地的上空仍会再次形成臭氧层空洞，北极的臭氧层损失达20％到30％，南极的臭氧层损失达50％以上。若臭氧层全部遭到破坏，太阳紫外线就会杀死所有的陆地生命，人类的生存将受到威胁。

保护环境迫在眉睫

地球是人类唯一的家园，在茫茫的宇宙中，除了地球之外，目前尚未发现其他适合人类生存的星球。地球是我们人类赖以生存的唯一家园。

在这个家园里，除了人之外，还有各种各样人类所赖以生存的生命和物质：花草树木、虫鱼鸟兽、空气、水等。这些生命和物质与人类一起构成了这个和谐的地球。水是生命之源，人的生存离不开水，人体中所含的水分约占人体体重的65％，如果人体损失10％以上的水分，就会导致死亡。空气，是人类活动的供氧物质，没有氧气，就没有人类的呼吸活动，人类将无法生存下去。而氧气来源于植物的光合作用，植物将人所排出的二氧化碳吸收并且释放出人类所需要的氧气重新供给动物使用。如果地球上没有了植物，我们人类和其他生命将不复存在。在地球上，人类、植物和动物形成了一个相互依赖的生物链，在这条生物链上，缺了任何一环，整个生态系统就会遭到严重的破坏。地球给我们所有的生命一个适合生存的支持系统——水、空气、光、热以及各种能源等。如果这样的支持系统遭到破坏，不只是动植物的生存环境会受到破坏，包括人类在内，也会遭到不等程度的影响。

所以，只有保护环境，保护我们赖以生存的地球，才能保护我们人类自己，才能使人类的文明发展得更远，让人类的生活环境更舒适。

世界重大环境事件

20世纪40年代初期，美国洛杉矶市发生光化学烟雾事件。该市三面环山，市内高速公路纵横交错，占全市面积的30％。全市250多万辆汽车每天消耗汽油约1600万升，由于汽车漏油、汽油挥发、汽油不完全燃烧和汽车排气，向城市上空排放了近千吨石油烃废气、一氧化碳、氮氧化物和铅烟，在阳光的照射下，生成淡蓝色的光化学烟雾，其中含有臭氧、氧化氮、乙醛和其他氧化剂成分，滞留在市区。光化学烟雾主要刺激人的眼、喉、鼻，引起眼病、喉头炎和不同程度的头疼，严重时会导致死亡。在 1952 年 12 月的一次烟雾中，共造成 400 名 65 岁以上老人死亡。

1978 年 3 月 16 日，美国 22 万吨的超级油轮"亚莫克·卡迪兹号"，满载伊朗原油向荷兰鹿特丹驶去，航行至法国布列塔尼海岸触礁沉没，漏出原油 22.4 万吨，污染了 350 千米长的海岸带。仅牡蛎就死掉 9000 多吨，海鸟死亡 2 万多只。海事本身损失 1 亿多美元，污染的损失及治理费用却达 5 亿多美元，而给被污染区域的海洋生态环境造成的损失更是难以估量。

1979 年 6 月 3 日，墨西哥石油公司在墨西哥湾南坎佩切湾尤卡坦半岛附近海域的伊斯托克 1 号平台钻机打入水下 3625 米深的海底油层时，突然发生严重井喷，使这一带的海洋环境受到严重污染。

原西德共有森林 740 万公顷，到 1983 年为止有 34％染上枯死病，每年枯死的蓄积量占同年森林生长量的 21％多，先后有 80 多万公顷森林被毁。这种枯死病来自酸雨之害。在巴伐利亚国家公园，由于酸雨的影响，几乎每棵树都得了病，景色全非。黑森州海拔 500 米以上的枞树相继枯死，全州 57％的松树病入膏肓。巴登—符腾堡州的"黑森林"，是因枞、松绿得发黑而得名，是欧洲著名的度假胜地，也有一半树染上枯死病，树叶黄褐脱落，其中 46 万亩完全死亡。汉堡也有 3/4 的树木面临死亡。当时鲁尔工业区的森林里，到处可见秃树、死鸟、死蜂，该区儿童每年有数万人感染特殊的喉炎症。

1984年12月3日凌晨，震惊世界的印度博帕尔公害事件发生。午夜，坐落在博帕尔市郊的"联合碳化杀虫剂厂"一座存贮45吨异氰酸甲酯贮槽的保安阀出现毒气泄漏事故。1小时后有毒烟雾袭向这个城市，形成了一个方圆25英里（1英里≈1.609千米）的毒雾笼罩区。首先是近邻的两个小镇上，有数百人在睡梦中死亡。随后，火车站里的一些乞丐死亡。毒雾扩散时，居民们有的以为是"瘟疫降临"，有的以为是"原子弹爆炸"，有的以为是"地震发生"，有的以为是"世界末日的来临"。一周后，有2500人死于这场污染事故，另有1000多人危在旦夕，3000多人病入膏肓。在这一污染事故中，有15万人因受污染危害而进入医院就诊，事故发生4天后，受害的病人还以每分钟一人的速度增加。这次事故还使20多万人双目失明。博帕尔的这次公害事件是有史以来最严重的因事故性污染而造成的惨案。

1986年4月27日早晨，苏联乌克兰切尔诺贝利核电站一组反应堆突然发生核泄漏事故，引起一系列严重后果。带有放射性物质的云团随风飘到丹麦、挪威、瑞典和芬兰等国，瑞典东部沿海地区的辐射剂量超过正常情况时的100倍。核事故使乌克兰地区10%的小麦受到影响，此外由于水源污染，使苏联和欧洲国家的畜牧业大受其害。当时预测，这场核灾难，还可能导致日后十年中10万居民患肺癌和骨癌而死亡。

1986年11月1日深夜，瑞士巴塞尔市桑多斯化学公司仓库起火，装有1250吨剧毒农药的钢罐爆炸，硫、磷、汞等毒物随着百余吨灭火剂进入下水道，排入莱茵河。警报传向下游瑞士、德国、法国、荷兰四国835千米沿岸城市。剧毒物质构成70千米长的微红色飘带，以每小时4千米的速度向下游流去，流经地区鱼类死亡，沿河自来水厂全部关闭，改用汽车向居民送水，接近海口的荷兰，全国与莱茵河相通的河闸全部关闭。翌日，化工厂有毒物质继续流入莱茵河，后来用塑料塞堵下水道。8天后，塞子在水的压力下脱落，几十吨含有汞的物质流入莱茵河，造成又一次污染。11月21日，德国巴登市的苯胺和苏打化学公司冷却系统故障，又使2吨农药流入莱茵河，使河水含毒量超标准200倍。这次污染使莱茵河的生态受到了严重破坏。

《大气污染防治法》

人类在大气中生存和发展，必然地要关心大气状况，尤其是在认识到大气污染日益严重，损害了人们的生活环境，并且还有进一步恶化的可能之后，防治大气污染便成为普遍关注的问题。人们不仅采用经济手段、技术手段来防治大气污染，同时也重视采用法律手段来防治大气污染。我国在1987年制定了《大气污染防治法》，1995年对这部法律作了修改，时隔五年，在2000年又对这部法律做出了修订。

从制定《大气污染防治法》到连续的修改，说明了在我国环境的保护和改善是具有重要意义的，人们越来越重视法律手段在防治大气污染中的作用，也说明在现实中人们需要进一步强化对大气环境污染的预防和治理。当初制定这部法律是有明显的重要意义的，后来通过两次修改，使它增添了新的内容，又确立了一些新的制度，原有的法律规范也得到了充实与完善，有的还作了相当大的改动。1987 年的法律条文为 41 条，经过两次修改，2000 年时增至 66 条。这些变化，正是以法律形式反映了国家要实现经济和社会可持续发展战略，着力控制大气污染，谋求良好自然环境的恢复，为人民造福所做的决策和所采取的积极行动。

2013 年以来，我国东部地区多次出现重度灰霾天气，持续时间长、影响范围大，引起社会各界高度关注。早在 2012 年，京津冀、长三角、珠三角分别建立了区域大气污染防治协作机制，在目标措施制定、重污染天气共同应对等方面开展了有益的尝试。

面对环境污染的新问题，现行大气法与治理日益严重的重污染天气不相适应，对当前灰霾等重污染天气频发、严重影响群众生产生活的情况，没有相关的应对措施。因此，急需在法律中增加专章，为妥善应对重污染天气提供法律保障。

根据当前大气污染防治工作面临的新形势、新变化，按照党的十八大、十八届三中全会精神要求，为充分借鉴《环境保护法》修订经验，进一步突出重点，国务院总理李克强于 2014 年 11 月 26 日主持召开国务院常务会议，讨论通过《中华人民共和国大气污染防治法（修订草案）》。草案强调源头治理、全民参与，强化污染排放总量和浓度控制，增加了对重点区域和燃煤、工业、机动车、扬尘等重点领域开展多污染物协同治理和区域联防联控的专门规定，明确了对无证、超标排放和监测数据作假等行为的处罚措施。

《水污染防治法》

　　随着我国经济的持续快速发展，经济规模的不断扩大，水污染物排放一直没有得到有效控制，水环境质量已经到了一个危险的临界点。松花江水污染事故、太湖蓝藻暴发、汉江污染等致使几十万人无法正常用水。据有关报道，全国7大水系的26%是Ⅴ类（主要适用于农业用水区及一般景观要求水域）和劣Ⅴ类（污染程度已超过Ⅴ类的水）水质，九大湖泊有7个是Ⅴ类和劣Ⅴ类水质。为此，环境保护部提出了"让江河湖泊休养生息"，新修订的《水污染防治法》为"让江河湖泊休养生息"战略思想的实施提供了最有力的法律保障。

　　饮用水的安全问题是环境安全的首位，直接关系到人民群众的身体健康，关系到社会的和谐稳定，关系到社会经济的可持续发展。《水污染防治法》第一条就增加了"保障饮用水安全"作为该法立法目的，并且将饮用水水源保护专门列为一章。在这一章中，一是完善了饮用水水源保护区的分级管理制度，明确分为一级和二级保护区，必要时，在保护区外围划定一定的区域作为准保护区；二是明确了饮用水水源保护区划定机关和争议解决机制；三是对饮用水水源保护区实行严格管理，禁止在饮用水水源保护区内设置排污口及在一级保护区内从事与水源无关的建设和网箱养殖等活动；四是在饮用水水源保护区内实行积极的保护措施。明确县级以上地方人民政府应当根据保护饮用水水源地的需要，在准保护区内采取工程措施或者建造湿地、水源涵养林等生态保护措施，防止水污染物直接排放进饮用水水体，确保饮用水安全。

新修订的《水污染防治法》规定："对超过重点水污染物排放总量控制指标的地区，有关人民政府环境保护主管部门应当暂停审批新增重点水污染物排放总量的建设项目的环境影响评价文件。"这使得"区域限批"制度法制化，使"区域限批"制度从过去运动式的"风暴"变成常规化的法律制度，将使"区域限批"制度在调整产业结构、转变经济增长方式、实现减排目标和打击环境违法行为方面发挥更大的作用。

我国现行的立法体制实际上是部门立法。水资源的有限性、流域性呈现出极为复杂的利益关系，涉及个人权利与公共权利的多个方面，这样的立法体制和管理体制导致政出多门、多头管水的不良后果。新《水污染防治法》解决了多龙治水的难题。一是强化地方政府的责任，实行水环境保护目标责任制和考核评价制度，将水环境保护目标完成情况作为地方人民政府及其负责人的考核评价内容；二是实施两结合一分离格局，即实行流域与区域管理相结合，统一管理与部门管理相结合，监督管理与具体管理相分离的格局；三是明确了环境保护部门是对水污染防治实施统一监督管理的机关，交通海事部门是对船舶污染管理实施监督管理的机关，其他有关部门及重要江河、湖泊的流域水资源保护机构按照各自的职责对有关水污染防治实施监督管理。

水污染排放的构成日趋复杂，工业污染还在继续，农业污染、生活、养殖污染日益突出。"让江河湖泊休养生息"必须在进一步加强工业污染防治的同时，实行工业、城镇、农业和农村、船舶水污染全面防治，实现上、中、下游水环境保护协调发展。新的《水污染防治法》一是制定了排污许可制度；二是对重点水污染物的排放实施总量控制制度，并将重点水污染物排放总量控制指标分解落实到市、县人民政府；三是淘汰落后的生产工艺和设备，加快落后产能的淘汰和重污染企业的关闭。

守法成本高，违法成本低，一直是水污染防治的突出问题，是水污染防治的瓶颈。新《水污染防治法》加大了水污染的违法成本。一是对造成水污染事故处理上不再有上限，超标行为越严重，造成的损失越大，罚款的数额就越多；二是造成水污染事故的，不仅要处罚直接负责的单位，还要处罚直接主管人员和其他直接责任人；三是对私设暗管排放水污染物的行为将予严惩；四是确保治理设施正常运转，擅自停运治理设施的取消了"故意"情节，取消了"超标"限制条件，即一旦停运即可处罚等。

《拉姆萨尔公约》

湿地的定义即暂时或长期覆盖水深不超过 2 米的低地、土壤充水较多的草甸以及低潮时水深不过 6 米的沿海地区，包括各种咸水淡水沼泽地、温草甸、湖泊、河流以及洪泛平原、河口三角洲、泥炭地、湖海滩涂、河边洼地或漫滩湿草原等。湿地是水陆相互作用形成的独特生态系统，是自然界最富生物多样性的生态景观和人类最重要的生存环境之一。湿地被称作"陆地上的天然蓄水库"，它不仅为人类提供了大量的水资源，而且在蓄洪防旱、调节气候、控制土壤侵蚀、降解环境污染等方面起着极其重要的作用，因此，湿地被称作"自然之肾"。湿地的生态结构独特，通常拥有丰富的野生动植物资源，是众多野生动物，特别是珍稀水禽的重要栖息地。湿地还具有极高的生产力，它为人类提供大量的粮食、肉类、能源以及多种工业原料和旅游资源。但是，正是这最后一种作用的不适当开发和滥用，危及湿地本身的生存，也不可避免地影响到了其他功能的发挥。

1971 年，国际社会在伊朗的拉姆萨尔正式通过了《关于特别是作为水禽栖息地的国际重要湿地公约》，简称为《拉姆萨尔公约》。公约规定各缔约国至少指定一个国立湿地列入国际重要湿地名单中，并考虑它们在养护、管理和明智利用移栖野禽原种方面的国际责任；公约要求缔约国设立湿地自然保留区，合作进行交换资料，训练湿地管理人员，需要时应召开湿地和水禽养护大会。

《联合国海洋法公约》

20 世纪 50 年代以来，随着海洋污染的日益严重，各国开始逐渐重视起海洋污染问题，并进行合作以防止和减轻海洋污染，有关防止海洋污染的国际法因而迅速发展起来。

1982 年 12 月 10 日《联合国海洋法公约》签订于牙买加，1994 年 11 月 16 日正式生效，已有 158 个签约国、117 个成员国。公约对海洋污染所下的定义为："人类直接或间接把物质或能量引入海洋环境，其中包括河口湾，以致造成或可能造成损害生物资源和海洋生物，危害人类健康，妨碍包括捕鱼和海洋的其他正当用途在内的各种海洋活动，损坏海水使用质量或减损环境优美等有害影响。"《联合国海洋公约》所提出的一系列新概念和原则，如防止环境污染、环境影响评价制度以及制订污染紧急应变计划等均为国际法的发展起到重大的促进作用。

《保护臭氧层维也纳公约》

臭氧层是地球的保护伞，它的主要作用是防止太阳的紫外线辐射和吸收来自地球的长波辐射，它一旦遭到破坏就会使强烈的紫外线在无臭氧分子吸收阻挡的情况下无情地射向大地，从而危害人体健康和造成财产损失，并且对生态系统产生不良的影响。臭氧层破坏的人为原因是人类使用氯氟烃类物质作为制冷剂、喷雾剂、发泡剂和清洗剂所致。这类物质在大气中长期存在就能够使其浓度不断升高，通过一系列的物理化学变化，使大气平流层中的臭氧遭受破坏。

臭氧层破坏的问题早在 20 世纪 70 年代就引起国际社会的关注。1985 年《保护臭氧层维也纳公约》由联合国环境规划署在维也纳签订。公约于 1988 年 9 月 22 日生效，截至

1997 年 1 月，有 163 个国家、地区和国际组织加入了该公约。我国于 1989 年 9 月 11 日加入该公约。《保护臭氧层维也纳公约》规定了缔约国应当具有采取保护臭氧层措施和依靠国际合作以减少改变臭氧层活动的义务。作为对该《公约》的补充，1987 年在加拿大举行的国际会议上，由来自 43 个国家的代表通过了《关于消耗臭氧层物质的蒙特利尔议定书》，规定了发达国家应当在 20 世纪减少氟氯烃使用量 50％，发展中国家则在人均氟氯烃消耗量不超过 0.3 千克时可以有 10 年的宽限期。《公约》以及《议定书》等共同构成了关于保护臭氧层的条约体系。

《联合国气候变化框架公约》

气候变化问题已成为一个全球环境问题，而全球变暖则是目前气候变化的一个主要论题。全球变暖的原因可以通过温室效应来解释。大气中的水蒸气、二氧化碳、甲烷、一氧化碳和臭氧等气体部分地吸收了地表的热辐射，对这种辐射起了一定遮挡作用，从而使地表加热升温，这样就对地面起了保温作用，因此，这种遮挡被称为"温室效应"，这些气体被称作"温室气体"。

国际社会对于全球气候变化问题的关注是从 20 世纪 80 年代开始的。联合国环境规划署和世界气象组织 1988 年成立了政府间气候变化专家委员会，专门负责有关气候变化问题及其影响的评价和对策研究工作。1992 年 6 月在巴西举行的联合国环境与发展大会上，有 153 个国家签署了《联合国气候变化框架公约》，该公约于 1994 年 3 月生效，该公约已有 176 个缔约方。公约为国际社会在对待气候变化问题上加强合作提供了法律框架。公约的目标是：将大气中温室气体的浓度稳定在防止气候系统受到危险的人为干扰的水平上，这一水平应当在足以使生态系统能够自然地适应气候变化、确保粮食生产免受威胁并使经济发展能够可持续地进行的时间范围内实现。

《生物多样性公约》

生物多样性是指地球上的生物（涵盖动物、植物和微生物等）在所有形式、层次和联合体中生命的多样化，包括生态系统多样性、物种多样性和基因多样性。迄今为止，地球上存在的生物有 300 万至 1000 万种。由于人类对自然资源的掠夺性开发利用，若干年来，丰富的生物多样性已受到严重威胁，许多物种正变为濒危物种。据估计，地球上 170 多万个已被鉴定的物种中，目前正以每小时 1 种，即每年近 9000 种的速度消失着。生物多样性的丧失是人类可持续发展的重要障碍，生物多样性的丧失必然导致生物圈中的生态失衡，物质循环过程受阻，间接影响全球气候变化，进而恶化人类的生存环境，限制人类生存与发展的选择机会。随着生态学的创建，人们对生物多样性价值的认识上升到伦理学、经济学的高度，支持生物多样性保护的国际公约或协定也不断制定。1992 年 6 月 5 日，《生物多样性公约》在里约热内卢联合国环境与发展大会上签署。它为生物资源和生物多样性的全面保护和持续利用建立了一个法律框架。公约主要规定了缔约国应将本国境内的野生生物列入物种保护目标，制订保护濒危物种的保护计划，建立财务机制以帮助发展中国家实施管理和保护计划，利用一国生物资源必须与该国分享研究成果、技术和所得利益。

《联合国防治荒漠化公约》

根据《21 世纪议程》的最新定义，荒漠化即主要由于人类不合理活动和气候变化所导致的干旱、半干旱及具有明显旱季的半湿润地区的土地退化，包括土地沙漠化、草场退化、旱作农田的退化、土壤肥力的下降等。目前，全球 2/3 的国家和地区，约 10 亿人口，全球陆地面积的 1/4 受到不同程度荒漠化的危害，而且仍以每年 5 万平方千米至 7 万平方千米的速度在扩大，由此造成的经济损失，估计每年为 423 亿美元。受荒漠化影响最大的是发展中国家，特别是非洲国家。荒漠化是自然、社会、经济及政治因素相互作用的结果，人类不合理的社会经济活动是造成荒漠化的主要原因。人口增长对土地的压力，是土地荒漠化的直接原因。干旱土地的过度放牧、粗放经营、盲目垦荒、水资源的不合理利用、乱樵、过度砍伐森林、不合理开矿等是人类活动加速荒漠化扩展的主要表现。

荒漠化是地球土地资源面临的一个严重问题。1994年10月14日《联合国防治荒漠化公约》在巴黎签署，它的全称是《联合国关于在发生严重干旱和/或荒漠化的国家特别是在非洲防治荒漠的公约》。公约1996年12月26日生效。《防治荒漠化公约》的一个特别之处是它从谈判到生效所花的时间很短，整个过程只用了不到4年时间，可见国际社会在防治荒漠化问题上很快地达成了一致。现有107个国家批准了该公约。公约宣布其目标是为实现受干旱和荒漠化影响地区的可持续发展，通过国际合作防止干旱和荒漠化，尤其是防止在非洲的干旱和荒漠化。

世界著名环保组织

1972年12月15日，联合国大会做出建立环境规划署的决议。1973年1月，作为联合国统筹全世界环保工作的组织，联合国环境规划署（United Nations Environment Programme，简称UNEP）正式成立。环境规划署的临时总部设在瑞士日内瓦，后于同年10月迁至肯尼亚首都内罗毕。环境规划署在世界各地设有7个地区办事处和联络处，拥有约200人的科学家、事务官员和信息处理专家具体实施计划。环境规划署是一个业务性的辅助机构，它每年通过联合国经济和社会理事会向大会报告自己的活动。

联合国环境规划署下设3个主要部门：环境规划理事会、环境秘书处和环境基金委员会。环境规划理事会由58个会员国组成。理事国由大会选出,任期 3 年,可连选连任。理事会每年举行一次会议,审查世界环境状况,促进各国政府间在环境保护方面的国际合作,为实现和协调联合国系统内各项环境计划进行政策指导等。环境基金多来自联合国会员国的捐款,用于支付联合国机构从事环境活动所需经费。

联合国环境规划署自成立以来,为保护地球环境和区域性环境举办了各项国际性的专业会议,召开了多次学术性讨论会,协调签署了各种有关环境保护的国际公约、宣言、议定书,并积极敦促各国政府对这些宣言和公约的兑现,促进了环境保护的全球统一步伐。中国作为联合国环境规划署的 58 个成员国之一,在规划署设立了代表处,参与了理事会的多项活动。

联合国规划署的成立,显示了人类社会发展的趋同性,是人类环境保护史上重要的一页。

国际绿色和平组织

国际绿色和平组织是由加拿大工程师戴维·麦格塔格发起,于 1971 年 9 月 15 日成立的一个国际性环境保护民间组织。国际绿色和平组织(简称“绿色和平”)是一个全球性非政府组织,该组织的总部设在荷兰阿姆斯特丹,在 40 个国家设有办事处,其成员已达 350 万人。发起人戴维曾任该组织的主席,还获得过联合国颁发的“全球 500 佳”奖。

“绿色和平”以保护地球、环境及其各种生物的安全和持续性发展为使命。不论是科研或科技发明，该组织都提倡有利于环境保护的解决办法。"绿色和平"作为国际环保组织，旨在寻求方法，阻止污染，保护自然生物多样性及大气层，以及追求一个无核的世界。

目前，国际绿色和平组织正致力于在全球开展以下的环保工作：提倡生物安全与可持续农业，停止有毒物质污染，推动企业责任；倡导可再生能源以停止气候暖化；保护原始森林；海洋生态保护；关注核能安全与核武器扩散；提倡符合生态原则的、公平的、可持续发展的贸易。

"彩虹勇士号"（Rainbow Warrior）是"绿色和平"的象征和旗舰，这艘船的命名源自北美克里族印第安人的古老传说——当人类的贪婪导致地球出现危险时，彩虹勇士会降临人间，保护地球。

40多年来，"绿色和平"在世界环境保护方面可谓贡献良多。在一些重要的国际环保问题的解决过程中起到了关键作用：禁止有毒废弃物向发展中国家出口；暂停商业捕鲸，并推动在南半球海洋建立鲸鱼避难所；推动联合国通过及实施公约，加强对世界渔业的管理；推动各国以预防原则管理转基因作物的环境释放；50年内暂停在南极开采矿物；禁止向海洋倾倒放射性物质、工业废物和废弃石油开采装置；禁止在深海大规模流网捕鱼；促进各国达成控制气候暖化的《京都议定书》；推动核不扩散条约，促成联合国达成全面禁止核试条约等。

虽然世界对绿色和平组织的行动评说不一，但他们作为环保非政府组织的一员，至今仍活跃在世界环保舞台上。

20世纪70年代，一股"绿色政治"的风潮在欧洲大陆兴起。到 80 年代初期，一场以市民为主体的绿色运动在西方国家勃然兴起。

这场运动既包括生态运动、环境保护运动，也包括和平运动、女权运动以及生态社会主义运动。伴随着这场广泛的社会政治运动，一个新兴的政党——绿党出现了，它成为这场绿色政治运动的核心力量，并很快成为世界政党政治舞台上一个引人注目的党派。目前，在全球化的背景下，绿色运动方兴未艾，绿党组织和活动的影响力也在扩大。特别是在欧美，绿党的地位在世纪之交出现了相对上升的趋势。

到 20 世纪 70 年代末和 80 年代初，欧洲出现了一批环保主义政党：1973 年在绿色政治的发源地欧洲出现了第一个绿党——英国的人民党，20 世纪 70 年代末至 80 年代欧洲大陆各国也纷纷建立绿党，1979 年西德出现了环境保护者组成的政党——德国绿党。德国是欧洲第一个正式意义绿党的诞生地。

欧洲以外的大洋洲、澳洲、美洲、非洲等地也出现了绿党。现在，绿党已遍布全球各大洲，迄今大部分欧洲国家都有绿党组织。仅欧洲绿党联盟就有 43 个成员党。

在拉美国家，绿党的组织和活动日趋活跃。亚洲已正式成立的绿党，仅出现于蒙古、中国台湾和尼泊尔。蒙古绿党早在多政党民主开放后，于 1990 年成立，党内虽无当选的国会议员，但仍属联合政权的一部分。在我国的台湾省也有绿党存在和活动。台湾绿党成立于 1996 年 1 月。

现今全球已有超过 70 个绿党组织，在非洲和拉丁美洲更有绿党的组织联盟。这整合的程序，当然是由设在欧盟这个大本营的绿党所特别推动的。

欧洲绿党联合会在1993年正式宣告成立，其宗旨是建设一个环境优美、社会公正的欧洲，并同其他大陆的绿色政治组织加强联系。要建立一种真正的力量对比关系和一种新的国际，即绿党国际。

1999年6月，绿党在欧洲议会的626个席位中，占有了47席。在欧洲17个国家的议会中，绿党议员达到206名。欧盟15国，有12个国家的政府中有绿党成员。

国际自然及自然资源保护联盟（International Union for Conservation of Nature and Natural Resources，IUCN）于1948年10月5日在联合国教科文组织和法国政府在法国的枫丹白露联合举行的会议上成立，当时名为国际自然保护协会，1956年6月在爱丁堡改为现名。总部设在瑞士。

该组织的宗旨任务是通过各种途径，保证陆地和海洋的动植物资源免遭损害，维护生态平衡，以适应人类目前和未来的需要；研究监测自然和自然资源保护工作中存在的问题，根据监测所取得的情报资料对自然及其资源采取保护措施；鼓励政府机构和民间组织关心自然及其资源的保护工作；帮助自然保护计划项目实施以及世界野生动植物基金组织的工作项目的开展；在瑞士、德国和英国分别建立自然保护开发中心、环境法中心和自然保护控制中心；注重同有关国际组织的联系和合作。

该组织每3年召开一次大会。至1998年11月，该组织由74个政府成员，110个政府机构，706个非政府组织组成。1996年10月20日，中国成为该组织的政府成员。

欧盟 WEEE 和 ROHS 指令

近几十年来，全球电子电气工业呈现膨胀式发展。电子电气工业领域内的技术更新越来越快，不断缩短着产品的升级换代周期。同时，电子产品的结构也呈现出日趋复杂的势头。电子电气工业在给人类带来方便和益处的同时也给社会带来堆积如山的电子垃圾，世界各国处理报废电子电气产品的负担越来越重。电子电气垃圾给全球生态环境造成的消极影响也越发严峻。2001 至 2002 年间，欧盟地区内，仅德国一国用于处理电子垃圾的支出就高达 3 亿至 5 亿欧元。鉴于此，欧盟希望通过制定 WEEE（《报废电子电气设备指令》）及 ROHS（《禁止使用有害物质指令》）两个"姊妹"环保法律来控制这种对生态环境的污染，保障欧盟工业的可持续发展，同时彰显其在欧洲，乃至全球确立的环保先驱的形象。欧盟相信，过去在产品包装、旧电池、饮料包装及废旧汽车等产品领域建立回收体系的成功经验，能够确保 WEEE 及 ROHS 指令达到理想效果。这两项法律历经长达 10 年的酝酿期。

常见的环保标志

环境标志亦称绿色标志、生态标志，是指由政府部门或公共、私人团体依据一定的环境标准向有关厂家颁布证书，证明其产品的生产使用及处置过程全都符合环保要求，对环境无害或危害极少，同时有利于资源的再生和回收利用。

环境标志一般由政府授权给环保机构。环境标志能证明产品符合要求，故具证明性质；标志由商会、实业或其他团体申请注册，并对使用该证明的商品具有鉴定能力和保证责任，因此具有权威性；因其只对贴标产品具有证明性，故有专证性；考虑环境标准的提高，标志每 3 到 5 年需重新认定，又具时限性；有标志的产品在市场中的比例不能太高，故还有比例限制性。通常列入环境标志的产品的类型为：节水节能型、可再生利用型、清洁工艺型、低污染型、可生物降解型、低能耗型。

绿色食品标志

绿色食品标志由三部分构成，即上方的太阳、下方的叶片和中心的蓓蕾。标志为正圆形，意为保护。整个图形描绘了一幅明媚阳光照耀下的和谐生机，告诉人们绿色食品正是出自纯净、良好生态环境的安全无污染食品，能给人们带来蓬勃的生命力。绿色食品标志还提醒人们要保护环境，通过

A 级绿色食品标志

AA 级绿色食品标志

改善人与环境的关系，创造自然界新的和谐。绿色食品分为A级和AA级。

A级标志为绿底白字，AA级标志为白底绿字。该标志由中国绿色食品协会认定颁发。

A级绿色食品，系指在生态环境质量符合规定标准的产地，生产过程中允许限量使用限定的化学合成物质，按特定的生产操作规程生产、加工，产品质量及包装经检测、检查符合特定标准，并经专门机构认定，许可使用A级绿色食品标志的产品。

AA级绿色食品（等同有机食品），系指在生态环境质量符合规定标准的产地，生产过程中不使用任何有害化学合成物质，按特定的生产操作规程生产、加工，产品质量及包装经检测、检查符合特定标准，并经专门机构认定，许可使用AA级绿色食品标志的产品。

绿色食品标志是由中国绿色食品发展中心在国家工商行政管理局商标局正式注册的质量证明商标。绿色食品标志作为一种特定的产品质量的证明商标，其商标专用权受《中华人民共和国商标法》保护。

中国节能产品认证标志

中国节能产品认证标志由"energy"的第一个字母"e"构成一个圆形图案，中间包含了一个变形的汉字"节"，寓意为节能。缺口的外圆又构成"CHINA"的第一字母"C"，

"节"的上半部简化成一段古长城的形状，与下半部构成一个烽火台的图案一起，象征着中国。"节"的下半部又是"能"的汉语拼音第一字母"N"。整个图案中包含了中英文，以利于国际接轨。

整体图案为蓝色，象征着人类通过节能活动还天空和海洋于蓝色。

该标志在使用中根据产品尺寸按比例缩小或放大。

中国节能产品认证标志的所有权属于中国节能产品认证管理委员会，使用权归中国节能产品认证中心。凡盗用、冒用和未经许可制作该标志，将根据《中华人民共和国节约能源法》追究当事人的法律责任。

节能产品认证是依据我国相关的认证用标准和技术要求，按照国际上通行的产品认证制定与程序，经中国节能产品认证管理委员会确认并通过颁布认证证书和节能标志，证明某一产品为节能产品的活动，属于国际上通行的产品质量认证范畴。

中国节能产品认证管理委员会作为我国节能产品认证的最高权力机构，由国家经济贸易委员会牵头组织并直接领导，接受国家质量监督局的指导、管理和全社会的监督。中国节能产品认证管理委员会由来自国家经贸委、科技部、国家发展计划委员会等经济综合部门的领导，建设部、信息产业部、国家环保总局、国家机械局、国家轻工业局及国家电力公司等节能产品生产和使用的部分行业的专家，以及中国标准化与信息分类编码研究所、中国计量科学研究院、国家计委能源研究所和清华大学等科研院校的专家学者等 15 人组成，具有广泛性、代表性和权威性。

中国节能产品认证中心由国家经贸委和国家质量技术监督局批准成立。中国节能产品认证中心是中国节能产品认证管理委员会领导下的工作实体，是具有明确法律地位、财务和人员独立的第三方认证机构，具体负责认证工作的实施。中国节能产品认证中心设在中国标准化与信息分类编码研究所。

我国节能产品几乎涉及国民经济和社会生活的各个领域。本着逐步开展、分类进行认证的原则，中国节能产品认证管理委员会确定首批拟开展认证的产品有以下三大类：绿色照明产品，包括紧凑型荧光灯和交流电子镇流器；家用电冰箱；工业耗能产品，包括风机和水泵。这些产品使用量大，面广，节能潜力巨大，由节能带来的环保效益和经济效益也十分显著。

中国节水标志

由水滴、人手和地球组合而成。绿色的圆形代表地球，象征节约用水是保护地球生态系统的重要措施。标志留白部分像一只手托起一滴水，手是拼音字母 JS 的变形，寓意节水，表示节水需要公众参与，鼓励人们从我做起，人人动手节约每一滴水；手又像一条蜿蜒的河流，象征滴水汇成江河。

本标志由江西省井冈山大学团委康永平所设计，2000 年 3 月 22 日揭牌。

中国节水标志既是节水的宣传形象标志，同时也作为节水型用水器具的标识。对通过相关标准衡量、节水设备检测和专家委员会评定的用水器具，予以授权使用和推荐。

回 收 标 志

循环再生标志由特殊三角形的三箭头标志形成，是这几年在全世界变得十分流行的循环再生标志，有人把它简称为回收标志。它被印在各种各样的商品和商品的包装上，如可乐、雪碧的易拉罐上。

这个特殊的三角形标志有两方面的含义。

第一：它提醒人们，在使用完印有这种标志的商品包装后，请把它送去回收，而不要把它当作垃圾扔掉。

第二：它标志着商品或商品的包装是用可再生的材料做的，因此是有益于环境和地球保护的。

在许多发达国家，人们在购买商品时总爱找一找，看商品上是否印有这个小小的三箭头循环再生标志。许多关心保护环境、保护地球资源的人只买印有这个标志的商品，因为使用可回收、可循环再生的东西，就会减少对地球资源的消耗。

北欧白天鹅标章

北欧白天鹅标章的图样为一只白色天鹅翱翔于绿色背景图形中，它是由北欧委员会（Nordic Council）标志衍生而得。获得使用标章之产品，在印制标章图样时应于"天鹅"标章上方标明北欧天鹅环境标章，于下方则标明至多三行之使用标章理由。

北欧白天鹅环保标章于 1989 年由北欧部长会议决议发起，统合北欧国家，发展出一套独立公正的标章制度，为全球第一个跨国性的环保标章系统，是统一由厂商自愿申请及具正面鼓励性质的产品环境标章制度，参与的国家包括挪威、瑞典、冰岛及芬兰四个国家，并组成北欧合作小组共同主管。产品规格分别由四个国家研拟，但经过其中一国的验证后，即可通行四国。在各组成国中各有一个国家委员会负责管理各国内白天鹅环保标章的工作事宜。各国委员代表再组成白天鹅环保标章协调组织，负责决定最终产品种类与产品规格标准之制定事宜。只要经环保标章协调组织同意，各国均可依据国内状况进行产品环保标章规格标准的开发。

各国在产品项目的选取上，考量的因素包括产品环境冲击、产品对环境潜在的环境改善潜力与市场的接受程度。因此，他们会进行详细的市场调查，包括现有市场集中品的种类、数量及制造国家、消费者需求与产品竞争情形等。目前陆续开放的服务业标章包括旅馆、餐饮、照相馆、干洗店等。

环境标志制度发展迅速，从 1977 年开始已有 20 多个发达国家和 10 多个发展中国家实施这一制度，这一数目还在不断增加。如加拿大的"环境选择方案"（ECP）、日本的"生态标志制度"、北欧 4 国的"白天鹅制度"、奥地利的"生态标志"、"法国的 NF 制度"（NF 是法国的标准代号）等。

世界环境保护日

20 世纪 60 年代以来，世界范围内的环境污染越来越严重，污染所带来的环境问题也与日俱增。环境问题和环境保护逐渐成为国际社会所关注的焦点。

1972 年联合国在瑞典的斯德哥尔摩召开了有 113 个国家参加的联合国人类环境会议。会议讨论了保护全球环境的行动计划，并通过了《人类环境宣言》。会议建议联合国大会将这次会议开幕的时间 6 月 5 日定为"世界环境保护日"。

同年，第 27 届联合国大会根据斯德哥尔摩会议的建议，决定成立联合国环境规划署，并确定每年的 6 月 5 日为世界环境日，要求联合国机构和世界各国政府、团体在每年 6 月 5 日前后举行保护环境、反对公害的各类活动，以唤起全世界人民都来注意保护人类赖以生存的环境，自觉采取行动参与环境保护，同时要求各国政府和联合国系统为推进环境保护进程做出贡献。联合国环境规划署同时发表《环境现状的年度报告书》，召开表彰"全球500佳"国际会议。联合国环境规划署希望通过每年的"世界环境日"主题，使人们成为推动全球可持续发展和公平发展的积极行动者，使全人类拥有一个安全而繁荣的未来。

中国代表团积极参与了上述宣言的起草工作，并在会上提出了经周恩来总理审定的中国政府关于环境保护的32字方针："全面规划，合理布局，综合利用，化害为利，依靠群众，大家动手，保护环境，造福人民。"

历届"世界环境日"的主题如下：

1974——只有一个地球。

1975——人类居住。

1976——水，生命的重要源泉。

1977——关注臭氧层破坏、水土流失、土壤退化和滥伐森林。

1978——没有破坏的发展。

1979——为了儿童——没有破坏的发展。

1980——新的十年，新的挑战——没有破坏的发展。

1981——保护地下水和人类食物链，防止有毒化学品污染。

1982——纪念斯德哥尔摩人类环境会议十周年——提高环境意识。

1983——管理和处理有害废弃物，防止酸雨和提高能源利用率。

1984——沙漠化。

1985——青年、人口、环境。

1986——环境与和平。

1987——环境与居住。

1988——保护环境、持续发展、公众参与。

1989——警惕，全球变暖。

1990——儿童与环境。

1991——气候变化——需要全球合作。

1992——只有一个地球——一起关心，共同分享。

1993——贫穷与环境——摆脱恶性循环。

1994——一个地球一个家园。

1995——各国人民联合起来，创造更加美好的世界。

1996——我们的地球，居住地、家园。

1997——为了地球上的生命。

1998——为了地球上的生命——拯救我们的海洋。

1999——拯救地球就是拯救未来。

2000——环境千年，行动起来。

2001——世间万物生命之网。

2002——让地球充满生机。

2003——水——二十亿人生命之所系。

2004——海洋存亡，匹夫有责。

2005——营造绿色城市，呵护地球家园。

2006——沙漠和荒漠化。

2007——冰川消融，后果堪忧。

2008——改变传统观念，推行低碳经济。

2009——地球需要你：团结起来应对气候变化。

2010——多样的物种，唯一的地球，共同的未来。

2011——森林：大自然为您效劳。

2012——绿色经济，你参与了吗？

2013——思前、食后、厉行节约。

2014——提高你的呼声　而不是海平面。

环境友好型社会

环境友好型社会是一种以环境资源承载力为基础、以自然规律为准则、以可持续社会经济文化政策为手段，致力于倡导人与自然、人与人和谐的社会形态。就中国而言，环境友好型社会的基本目标就是建立一种低消耗的生产体系、适度消费的生活体系、持续循环的资源环境体系、稳定高效的经济体系、不断创新的技术体系、开放有序的贸易金融体系、注重社会公平的分配体系和开明进步的社会主义民主体系。

从人与自然关系的历史演变来看，人类社会经历了"敬畏自然"、"征服自然"、"和谐自然"三个基本阶段。渔猎文明和农耕文明时期，人类敬畏自然，是因为生产力的低下迫使人们依赖于大自然的恩赐。工业文明时期，贪婪资本与强大科技的结合，使人类将自然界变成服从于人类物欲的对象。人类生活获得极大改善的同时，也造成了一系列环境危机。而近年来得到广泛认同的环境友好理念抛弃了古人"敬畏自然"中的神秘性，吸取了人与自然和谐的合理内核；抛弃了工业文明"征服自然"的人类中心主义的盲目自信，吸取了改造自然的积极因素。

环境友好型社会提倡经济和环境双赢，实现社会经济活动对环境的负荷最小化，将这种负荷和影响控制在资源供给能力和环境自净能力之内，形成良性循环。有人说，构建资源节约型社会就已包括了"环境友好型社会"，实则正相反。在国际社会，一般认为资源节约是环境友好的重要组成部分。在观念方面，资源节约关注社会经济活动中的资源使用率，如节水、节地、节能等，但不能涵盖环境友好所包括的经济、社会、政治、文化和技术等要素，也达不到环境友好强调的人与自然和谐的哲学伦理层次。在经济方面，资源节约可以提供"节流"措施，而环境友好可从"开源"和"节流"两个方面统筹社会经济活动的综合发展。在政治方面，环境友好比资源节约更多地强调综合运用技术、经济、法律、行政等多种措施降低环境成本，解决更为广泛的国计民生问题。在文化方面，环境友好比资源节约更为关注生产和消费对人类生活方式的影响，强调生活质量、生活内涵、生活意义的幸福指数，有很强的道德文化传承价值。

公民环保行为规范

我国是世界上 12 个贫水国家之一，淡水资源还不到世界人均水量的 1/4。全国 600 多个城市半数以上缺水，其中 108 个城市严重缺水。地表水资源的稀缺造成对地下水的过量开采。20 世纪 50 年代，北京的水井在地表下约 5 米处就能打出水来，而现在，北京 4 万口井平均深度达 49 米，地下水资源已近枯竭。

一、监护水源——保护水源就是保护生命

据环境监测，全国每天约有 1 亿吨污水直接排入水体。全国七大水系中一半以上河段水质受到污染。35 个重点湖泊中，有 17 个被严重污染，全国 1/3 的水体不适于灌溉。90％以上的城市水域污染严重，50％以上城镇的水源不符合饮用水标准，40％的水源已不能饮用，南方城市总缺水量的 60％到 70％是由于水源污染造成的。

二、一水多用——让水重复使用

地球表面的 70％是被水覆盖着的，约有 14 亿立方千米的水量，其中有 96.5％是海水。剩下的虽是淡水，但其中一半以上是冰，江河湖泊等可直接利用的水资源，仅占整个水量的 0.003％左右。

三、慎用清洁剂——尽量用肥皂，减少水污染

大多数清洁剂都是化学产品，清洁剂含量大的废水大量排放到江河里，会使水质恶化。长期不当地使用清洁剂，会损伤人的中枢系统，使人的智力发育受阻，思维能力、分析能力降低，严重的还会出现精神障碍。清洁剂残留在衣服上，会刺激皮肤发生过敏性皮炎，长期使用浓度较高的清洁剂，清洁剂中的致癌物就会从皮肤、口腔处进入人体内，损害健康。

四、关心大气质量——别忘了你时刻都在呼吸

全球大气监测网的监测结果表明，北京、沈阳、西安、上海、广州这五座城市的大气中总悬浮颗粒物日均浓度分别在每立方米 200 至 500 微克，超过世界卫生组织标准 3 到 9 倍。

五、随手关灯——省一度电，少一份污染

我国是以火力发电为主、煤为主要能源的国家。煤在一次性能源结构中占 70％以上。如按常规方式发展，要达到发达国家的水平，至少需要 100 亿吨煤的能源消耗，这将相当

于全球能源消耗的总和。煤炭燃烧时会释放出大量的有害气体，严重污染大气，并形成酸雨和造成温室效应。

六、节用能源——为减缓地球温暖化出一把力

大量的煤、天然气和石油燃料被用在工业、商业、住房和交通上。这些燃料燃烧时产生的过量二氧化碳就像玻璃罩一样，阻断地面热量向外层空间散发，将热气滞留在大气中，形成"温室效应"。"温室效应"使全球气象变异，产生灾难性干旱和洪涝，并使南北极冰山融化，导致海平面上升。科学家们估计，如果气候变暖的趋势继续下去，海拔较低的孟加拉、荷兰、埃及、中国低洼三角洲等国家和地区及若干岛屿国家将面临被海水吞没的危险。

七、降低能源消耗——让生态环境变得更纯净一些

煤炭等燃料在燃烧时以气体形式排出碳和氮的氧化物，这些氧化物与空气中的水蒸气结合后形成高腐蚀性的硫酸和硝酸，又与雨、雪、雾一起回落到地面，这就是被称作"空中死神"的酸雨。全球已有三大酸雨区：美国和加拿大地区、北欧地区、中国南方地区。酸雨不仅能强烈地腐蚀建筑物，还使土壤酸化，导致树木枯死，农作物减产，湖泊水质变酸，鱼虾死亡。我国因大量使用煤炭燃料，每年由于酸雨污染造成的经济损失达 200 亿元左右。我国酸雨区的降水酸度仍在升高，面积仍在扩大。对于空调这样的耗电耗能产品，应该尽量减用。

八、支持绿色照明——人人都用节能灯

"中国绿色照明工程"是我国节能重点之一。按照该工程实施计划，"九五"期间全国将推广节能高效照明灯具。到 2000 年争取节约照明用电 220 亿千瓦时，并节省相应的电厂燃煤，减少二氧化硫、氮氧化物、粉尘、灰渣及二氧化碳的排放。

第二章

生活中应该知道的环保科普常识

人类只有一个可生息的村庄——地球，可是这个村庄正在受到各种环境灾难的威胁：水污染、空气污染、江河断流、垃圾围城、植被萎缩、物种濒危、土地荒漠化、臭氧层空洞……

作为居住在地球上的村民，我们不能仅仅担忧和抱怨，而要采取行动，让我们了解更多的环保常识选择有利于环境保护的生活方式来善待地球。

能源如何分类

自然界中的能源虽然有很多种，但根据它们的初始来源，当前概括为四大类。

第一类是与太阳有关的能源。除可直接利用太阳能的光和热外，它还是地球上多种能源的主要源泉。目前，人类所需能量的绝大部分都直接或间接地来自太阳。正是各种植物通过光合作用把太阳能转变成化学能贮存在植物体内，这部分能量为人类和动物的生存提供了能源。煤炭、石油、天然气、油页岩等化石燃料也是由古代埋在地下的动植物经过漫长的地质年代形成的。它们实质上是由古代生物固定下来的太阳能。此外，水能、风能、波浪能、海流能等也都是由太阳能转化来的。从数量上看，太阳能非常巨大。理论计算表明，太阳每秒钟辐射到地球上的能量相当于 500 多万吨煤燃烧时放出的热量；一年就有相当于 170 万亿吨煤的热量，现在全世界一年消耗的能量还不及它的万分之一。但是，到达地球表面的太阳能只有千分之一二被植物吸收，并转变成化学能贮存起来，其余绝大部分都转换成热，散发到宇宙空间去了。

第二类是与地球内部的热能有关的能源。地球是一个大热库，从地面向下，随着深度的增加，温度也不断升高。从地下喷出地面的温泉和火山爆发喷出的岩浆就是地热的表现。地球上的地热资源贮量也很大，按目前钻井技术可钻到地下 10 千米的深度估计，地热能资源总量相当于世界年能源消费量的 400 多万倍。

第三类是与原子核反应有关的能源。这是某些物质在发生原子核反应时释放的能量。原子核反应主要有裂变反应和聚变反应。目前在世界各地运行的 440 多座核电站就是使用铀原子核裂变时放出的热量。使用氘、氚、锂等轻核聚变时放出能量的核电站正在研究之中。世界上已探明的铀储量约 490 万吨，钍储量约 275 万吨。这些裂变燃料足够人类使用到迎接聚变能的到来。聚变燃料主要是氘和锂，海水中氘的含量为 13 克/升，据估计地球上的海水量约为 13 380 亿立方米，所以世界上氘的储量约 40 万亿吨；地球上的锂储量虽比氘少得多，也有2100多亿吨，用它来制造氚，足够人类过渡到氘、氚聚变的年代。这些聚变燃料所释放的能量比全世界现有能源总量消耗所放出的能量大千万倍。按目前世界能源消费的水平，地球上可供原子核聚变的氘和氚，能供人类使用上千亿年。因此，只要解决核聚变技术，人类就将从根本上解决能源问题。实现可控制的核聚变，以获得取之不尽、用之不竭的聚变能，这正是当前核科学家们孜孜以求的。

第四类是与地球—月球—太阳相互联系有关的能源。地球、月亮、太阳之间有规律的运动，造成相对位置周期性的变化，它们之间产生的引力使海水涨落而形成潮汐能。与上述三类能源相比，潮汐能的数量很小，全世界的潮汐能折合成煤约为每年 30 亿吨，而实际可用的只是浅海区那一部分，每年折合约为 6000 万吨煤。

以上四大类能源都是自然界中现成存在的、未经加工或转换的能源。

可再生资源和不可再生资源

自然资源分可再生资源和不可再生资源两类。

可再生资源指的是通过自然作用或人为活动能使其再生或更新，而成为人类可反复利用的自然资源，也称为非耗竭性资源，如土壤、植物、动物、微生物和各种自然生物群落、森林、草原、水生生物等。可再生自然资源在现阶段自然界的特定时空条件下能持续再生更新、繁衍增长、保持或扩大其储量，依靠种源而再生。一旦种源消失，该资源就不能再生，从而要求科学地合理利用和保护物种种源，才可能再生，才可能"取之不尽，用之不竭"。土壤属可再生资源，是因为土壤肥力可以通过人工措施和自然过程而不断更新。但土壤又有不可再生的一面，因为水土流失和土壤侵蚀可以比再生的土壤自然更新过程快得多，在一定时间和一定条件下也就成为不能再生的资源。

不可再生资源是指人类开发利用后，在相当长的时间内，不可能再生的自然资源，主要指自然界的各种矿物、岩石和化石燃料，例如泥炭、煤、石油、天然气、金属矿产、非金属矿产等。这类资源是在地球长期演化历史过程中，在一定阶段、一定地区、一定条件下，经历漫长的地质时期形成的。与人类社会的发展相比，其形成非常缓慢；与其他资源相比，再生速度很慢，或几乎不能再生。人类对不可再生资源的开发和利用，只会消耗，而不可能保持其原有储量或再生。其中，一些资源可重新利用，如金、银、铜、铁、铅、锌等金属资源；另一些是不能重复利用的资源，如煤、石油、天然气等化石燃料，当它们作为能源利用而被燃烧后，尽管能量可以由一种形式转换为另一种形式，但作为原有的物质形态已不复存在，其形式已发生变化。

可替代能源

可替代能源（Alternative Energy），一般指非传统、对环境影响少的能源及能源贮藏技术。"可替代"一词是相对于化石燃料，因此可替代能源并非来自于化石燃料。一些可替代能源也是再生能源的一种，从定义上来说，可替代能源并不会对环境造成影响，但再生能源非有此定义，其不一定会带来环境影响。

可替代能源的来源

一、生物质能

生物质能是指能够当作燃料或者工业原料，活着或刚死去的有机物。生物质能最常见于动植物所制造的生物燃料，或者用来生产纤维、化学制品和热能的动物或植物。也包括以生物可降解的废弃物制造的燃料。但那些已经变质成为煤炭或石油等的有机物质除外。

许多的植物都被用来生产生物质能，包括芒草、柳枝稷、麻、玉米、杨树、柳树、甘蔗和棕榈树。一些特定采用的植物通常都不是非常重要的终端产品，但却会影响原料的处理过程。因为对能源的需求持续增长，生物质能的工业也随着水涨船高。

虽然化石燃料原本为古老的生物质能，但是因为所含的碳已经离开碳循环太久了，所以并不被认为是生物质能。燃烧化石燃料会排放二氧化碳至大气中。

一些最近刚研发出来的生物质能制造的塑胶可以在海水中降解，生产方式也和一般化石制造塑胶相同，而且相比较之下生产成本还更便宜，也符合大部分的最低品质标准。但使用寿命比一般的耐水塑胶要短。

二、风能

风能是因空气流做功而提供给人类的一种可利用的能量。空气流具有的动能称风能。空气流速越高，动能越大。人们可以用风车把风的动能转化为旋转的动力去推动发电机，以产生电力，方法是透过传动轴，将转子（由以空气动力推动的扇叶组成）的旋转动力传送至发电机。到 2008 年为止，全世界以风力发电产生的电力约有 94.1 百万千瓦，供应的电力已超过全世界用量的 1％。风能虽然对大多数国家而言还不是主要的能源，但在 1999 年到 2005 年之间已经增长了 4 倍以上。

现在利用涡轮叶片将气流的机械能转为电能而成为发电机。在中国古代则利用风车将搜集到的机械能用来磨碎谷物或抽水。

风能丰富，近乎无尽，广泛分布，干净，且可缓和温室效应。我们把地球表面一定范围内经过长期测量、调查与统计得出的平均风能密度的概况称该范围内能利用的风能依据，通常以能密度线标示在地图上。

人类利用风能的历史可以追溯到西元前，但数千年来，风能技术发展缓慢，没有引起人们足够的重视。自1973年世界石油危机以来，在常规能源告急和全球生态环境恶化的双重压力下，风能作为新能源的一部分才重新有了长足的发展。风能作为一种无污染和可再生的新能源有着巨大的发展潜力，特别是对沿海岛屿、交通不便的边远山区、地广人稀的草原牧场，以及远离电网和近期内电网还难以达到的农村、边疆，作为解决生产和生活能源的一种可靠途径，有着十分重要的意义。即使在发达国家，风能作为一种高效清洁的新能源也日益受到重视，比如：美国能源部就曾经调查过，单是得克萨斯州和南达科他州两州的风能密度就足以供应全美国的用电量。

三、太阳能

太阳能一般指太阳光的辐射能量。

自地球形成生物就主要以太阳提供的热和光生存，而自古人类也懂得以阳光晒干物件，并作为保存食物的方法，如制盐和晒咸鱼等。但在化石燃料日益减少的情况下，才有意把太阳能进一步发展。

太阳能的利用有被动式利用（光热转换）和光电转换两种方式。太阳能发电是一种新兴的可再生能源。广义上的太阳能是地球上许多能量的来源，如风能、化学能、水的势能等。

利用太阳能的方法主要有：

（1）使用太阳能电池，通过光电转换把太阳光中包含的能量转化为电能；

（2）使用太阳能热水器，利用太阳光的热量把水加热；

（3）利用太阳光的热量加热水，并利用热水发电；

（4）利用太阳光的光能中的粒子打击太阳能板发电；

（5）利用太阳能进行海水淡化；

（6）太空太阳能转换成电能储存，传输到地面电能接收站、讯号接收站；

（7）根据环境与环境太阳日照的长短强弱，可移动式和固定式太阳能利用网；

（8）太阳能运输（汽车、火车、轮船、飞机……）、太阳能公共设施（路灯、红绿灯、招牌……）、建筑整合太阳能（房屋、厂房、电厂、水厂……）；

（9）太阳能装置，例如：太阳能计算机、太阳能背包、太阳能台灯、太阳能手电筒等各式太阳能应用与装置。

现在，太阳能的利用还不是很普及，利用太阳能发电还存在成本高、转换效率低的问题，但是太阳能电池在为人造卫星提供能源方面得到了很好的应用。

目前，全球最大的屋顶太阳能面板系统位于德国南部比兹塔特（Buerstadt），面积为4万平方米，每年的发电量为450万千瓦时。

日本为了达成《京都议定书》的二氧化碳减排要求，在全国都铺设了太阳能光电板。位于日本中部的长野县饭田市，居民在屋顶设置太阳能光电板的比率甚至达到2％，堪称日本第一。而在中国的江苏睢宁，太阳能利用率更达到95％，可谓全国第一。

四、地热能

地热能是由地壳抽取的天然热能，这种能量来自地球内部的熔岩，并以热力形式存在，是引致火山爆发及地震的能量。地球内部的温度高达 7000 摄氏度，而在 80 至 100 千米的深度处，温度会降至 650 摄氏度至 1200 摄氏度。透过地下水的流动和熔岩涌至离地面 1 至 5 千米的地壳，热力得以被转送至较接近地面的地方。高温的熔岩将附近的地下水加热，这些加热了的水最终会渗出地面。运用地热能最简单和最合乎成本效益的方法，就是直接取用这些热源，并抽取其能量。

人类很早以前就开始利用地热能，例如利用温泉沐浴、医疗，利用地下热水取暖、建造农作物温室、水产养殖及烘干谷物等。但真正认识地热资源并进行较大规模的开发利用却是始于 20 世纪中叶。

地热能的利用可分为地热发电和直接利用两大类。地热能是来自地球深处的可再生热能。它起源于地球的熔岩浆和放射性物质的衰变。地热能储量比目前人们所利用的总量多很多倍，而且集中分布在构造板块边缘一带，该区域也是火山和地震多发区。如果热量提取的速度不超过其补充的速度，那么地热能便是可再生的。地热能在世界很多地区应用相当广泛。不过，地热能的分布相对来说比较分散，开发难度大。

石油的潜在替代能源

石油是现代工业经济的血液，对全球经济的发展影响重大。据世界银行统计，国际市场原油价格每桶上升 10 美元，全球 GDP（国内生产总值）将降低 0.3 个百分点。持续上涨的油价对中国经济的影响更甚。高油价导致我国石油进口成本大幅增加，给我国 GDP 增长带来 1.0% 至 1.7% 的负面影响。与我国经济发展对能源的不断增长的需求相比，我国石油能源供应严重不足。虽然国际油价有所回落，但油价居高不下的大势难以扭转。为应对高油价的挑战，我国急需加快油气替代能源的开发。

所谓玉米酒精，就是以玉米做原料，采用物理、化学和发酵工程等技术和工艺方法对玉米进行深度加工提取酒精。酒精是食品工业饮料、酒类及化工产品的基本原料。近年来，由于石油能源危机，美国、巴西及我国已着手进行用酒精替代部分汽油作燃料的研究和试验，其应用效果十分理想。由于国内外需求量大，因此市场前景广阔。同样，因为石油价格的高企，乙醇汽车也就受到市场的关注。一是研究表明，乙醇调入汽油后，汽油中的辛烷值及含氧量明显升高，从而可以促进汽油的燃烧，而且还可以降低汽车尾气的排放，也就是说，乙醇不仅仅可以起到节能效果，而且还可以起到环保的效果。在目前石油价格高企以及汽车尾气困扰城市大气环境的背景下，推广乙醇汽油也就成为大势所趋。

二是近来石油价格高涨，乙醇汽油有望成为新的替代能源，所以节能的乙醇汽油也成为市场关注的焦点。

燃 料 电 池

燃料电池（Fuel Cell），是一种使用燃料进行化学反应产生电力的装置，最早于 1839 年由英国的格罗夫（Grove）所发明。最常见的是以氢氧为燃料的质子交换膜燃料电池，由于燃料价格偏宜，加上对人体无化学危险、对环境无害，发电后产生纯水和热，1960 年应用在美国军方，后于 1965 年应用于"美国双子星计划"双子星 5 号太空舱。现在也有一些笔记本电脑开始研究使用燃料电池。但由于该电池产生的电量太小，且无法瞬间提供大量电能，只能用于平稳供电上。

燃料电池是一个由电池本体与燃料箱组合而成的动力机制。燃料的选择性非常高，包括纯氢气、甲醇、乙醇、天然气，甚至于现在运用最广泛的汽油，都可以作为燃料电池的燃料。这是目前其他所有动力来源无法做到的。而以燃料电池作为汽车的动力，已被公认是 21 世纪必然的趋势。

燃料电池是以电的化学效应来进行发电，在我们的生活中有许多电池都是利用电的化学效应来发电，或储存电力；干电池、碱性电池、铅蓄电池都是以正负极金属的活性高低差来产生电位差的电的化学发电机，通称伏打电池。

燃料电池则是以具有可燃性的燃料与氧反应产生电力。

通常可燃性燃料如瓦斯、汽油、甲烷（CH_4）、乙醇、氢……
这些可燃性物质都要经过燃烧加热水使水沸腾，而使水蒸气
推动涡轮发电，以这种转换方式，大部分的能量通常都转化
为无用的热能，转换效率相当低，通常只有约30％；而燃料
电池是以特殊催化剂使燃料与氧发生反应产生二氧化碳
（CO_2）和水（H_2O），因不需推动涡轮等发电器具，也不需
将水加热至水蒸气再经散热变回水，所以能量转换效率高达
70％左右，足足比一般发电方法高出了约40％。燃料电池的
优点还不止如此，其二氧化碳排放量比一般方法低很多，水
又是无害的产生物，是一种低污染性的能源。

地球上的水资源现状

　　水，是地球上分布最广的自然资源。地球上水的总量约
有14亿立方千米，如果全部平铺在地球表面上，可以达到
3000米的水层厚度。地球表面的3/4都被水覆盖着。

　　地球的储水量虽然如此丰富，但海水就占了整个储水量
的96.5％，淡水量的全部总和只占总储水量的2.53％。水资
源是指全球水量中对人类生存、发展可用的水量，主要是指
逐年可以得到更新的那部分淡水量。所以淡水储量并不等于
水资源量。实际上能供人类生活和工农业生产使用的淡水资
源还不到淡水储量的万分之一。水资源总量的统计和计算比
较复杂。水资源中最能反映水资源数量特征的是河流的年径
流量，它不仅包含降雨时产生的地表水，而且包括地下水的

补给，所以，常用年径流量来比较各国的水资源。全球年径流量约为 $47×10^{12}$ 立方千米/年。

20 世纪 50 年代以后，工业得到迅速发展，全球人口增长迅猛。一方面，人类对水资源的需求以迅猛的速度扩大；另一方面，日益严重的水污染大量侵蚀原本已经稀缺的可消费水资源。有报告显示，全球每日约有 200 吨垃圾被倒入河流和湖泊。每升废水能够污染 8 升淡水，这些污水流经的亚洲城市的河流均被污染。

世界上有许多国家正面临着水资源缺失的危机：全世界有 12 亿人用水短缺，30 亿人缺乏用水卫生设施，每年有 300 万到 400 万人死于和水相关的疾病。在过去的 50 年中，由水引发的冲突达 507 起，其中 37 起有暴力性质，21 起演变为军事冲突。水资源危机正威胁着世界和平和可持续发展。

温室效应对地球的影响

温室效应是指透射阳光的密闭空间，由于与外界缺乏热交换而形成的保温效应，也就是太阳短波辐射可以透过大气射入地面，而地面增暖后放出的长短辐射却被大气中的二氧化碳等物质所吸收，从而产生大气变暖的效应。大气中的二氧化碳就像一层厚厚的玻璃，使地球变成了一个大暖房。据估计，如果没有大气，地表平均温度就会下降到 —23 摄氏度，而实际地表平均温度为 15 摄氏度，这就是说温室效应使地表温度提高了 38 摄氏度。

除二氧化碳以外，对产生温室效应有重要作用的气体还有甲烷、臭氧、氯氟烃以及水汽等。随着人口的急剧增加、工业的迅速发展，排入大气中的二氧化碳相应增多；又由于森林被大量砍伐，大气中应被森林吸收的二氧化碳没有被吸收，由于二氧化碳逐渐增加，温室效应也不断增强。据分析，在过去 200 年中，二氧化碳浓度增加 25%，地球平均气温上升 0.5 摄氏度。估计到下个世纪中叶，地球表面平均温度将上升 1.5 摄氏度至 4.5 摄氏度，而在中高纬度地区温度上升更多。

空气中含有二氧化碳，而且在过去很长一段时期中，含量基本上保持恒定。这是由于大气中的二氧化碳始终处于"边增长、边消耗"的动态平衡状态。大气中的二氧化碳有 80% 来自人和动、植物的呼吸，20% 来自燃料的燃烧。散布在大气中的二氧化碳有 75% 被海洋、湖泊、河流等地面的水及空中降水吸收溶解于水中，还有 5% 的二氧化碳通过植物光合作用，转化为有机物质贮藏起来。这就是多年来二氧化碳占空气成分 0.03%（体积分数）始终保持不变的原因。

但是近几十年来，一方面，由于人口急剧增加，工业迅猛发展，呼吸产生的二氧化碳及煤炭、石油、天然气燃烧产生的二氧化碳，远远超过了过去的水平。而另一方面，由于对森林乱砍伐，大量农田建成城市和工厂，破坏了植被，减少了将二氧化碳转化为有机物的条件。再加上地表水域逐渐缩小，降水量大大降低，减少了吸收溶解二氧化碳的条件，破坏了二氧化碳生成与转化的动态平衡，就使大气中的二氧化碳含量逐年增加。空气中二氧化碳含量的增长，就使地球气温发生了改变。

在空气中，氮和氧所占的比例是最高的，它们都可以透过可见光与红外辐射。但是二氧化碳就不行，它不能透过红外辐射。所以二氧化碳可以防止地表热量辐射到太空中，具有调节地球气温的功能。如果没有二氧化碳，地球的年平均气温会比目前降低 20 摄氏度。但是，二氧化碳含量过高，就会使地球仿佛捂在一口锅里，温度逐渐升高，就形成"温室效应"。形成温室效应的气体，除二氧化碳外，还有其他气体。其中二氧化碳约占 75％、氯氟代烷约占 15％ 至 20％，此外还有甲烷、一氧化氮等 30 多种气体。

如果二氧化碳含量比现在增加一倍，全球气温将升高 3 至 5 摄氏度，两极地区可能升高 10 摄氏度，气候将明显变暖。气温升高，将导致某些地区雨量增加，某些地区出现干旱，飓风力量增强，出现频率也将增多，自然灾害加剧。更令人担忧的是，由于气温升高，将使两极地区冰川融化，海平面升高，许多沿海城市、岛屿或低洼地区将面临海水上涨的威胁，甚至被海水吞没。20 世纪 60 年代末，非洲撒哈拉牧区曾发生持续 6 年的干旱。由于缺少粮食和牧草，牲畜被宰杀，饥饿致死者超过 150 万人。

这是"温室效应"给人类带来灾害的典型事例。因此，必须有效地控制二氧化碳含量的增加，控制人口增长，科学使用燃料，加强植树造林，绿化大地，防止温室效应给全球带来巨大灾难。

温室效应和全球气候变暖已经引起了世界各国的普遍关注，目前正在推进制定国际气候变化公约，减少二氧化碳的排放已经成为大势所趋。

一、温室效应的影响

受到温室效应和周期性潮涨的双重影响，西太平洋岛国图瓦卢的大部分地方即将被海水淹没，包括首都的机场及部分住宅和办公室。

由于温室效应会导致南北极冰雪融化，海洋水平线上升，直接威胁图瓦卢，所以该国在国际环保会议上一向十分敢言。前总理佩鲁曾声称图瓦卢是"地球暖化的第一个受害者"。

二、温室效应可使史前致命病毒威胁人类

美国科学家发出警告，由于全球气温上升令北极冰层溶化，被冰封十几万年的史前致命病毒可能会重见天日，导致全球陷入疫症恐慌，人类生命受到严重威胁。

约锡拉丘兹大学的科学家在《科学家杂志》中指出，早前他们发现一种植物病毒 TOMV（番茄花叶病毒），由于该病毒在大气中广泛扩散，推断在北极冰层也有其踪迹。于是研究员从格陵兰抽取 4 块年龄由 500 年至 14 万年的冰块，结果在冰层中发现 TOMV 病毒。研究员指该病毒表层被蛋白质包围，因此可在逆境生存。

这项新发现令研究员相信，一系列的流行性感冒、小儿麻痹症和天花等疫症病毒可能藏在冰块深处，目前人类对这些原始病毒没有抵抗能力，当全球气温上升令冰层溶化时，这些埋藏在冰层千年或更长的病毒便可能会复活，形成疫症。科学家表示，虽然他们不知道这些病毒的生存希望或者其再次适应地面环境的机会有多大，但肯定不能抹杀病毒卷土重来的可能性。

什么是碳排放

碳排放是关于温室气体排放的一个总称或简称。温室气体中最主要的气体是二氧化碳，因此用碳（Carbon）一词作为代表，虽然并不准确，但作为让民众最快了解的方法就是简单地将"碳排放"理解为"二氧化碳排放"。多数科学家和政府承认温室气体已经并将继续为地球和人类带来灾难，所以"（控制）碳排放"、"碳中和"这样的术语就成为容易被大多数人所理解、接受、并采取行动的文化基础。我们的日常生活一直都在排放二氧化碳，而如何通过有节制的生活，例如少用空调和暖气、少开车、少坐飞机等，以及如何通过节能减排的技术来减少工厂和企业的碳排放量，成为 21 世纪初最重要的环保话题之一。

减少碳排放

在不同的行业中有不同的方法来减少碳排放，而对于一般个人而言，减少碳排放一般有以下几种方法。

一、使用节能灯泡

11 瓦节能灯就相当于 80 瓦白炽灯的照明度，使用寿命更比白炽灯长 6 到 8 倍，不仅大大减少用电量，还节约了更多资源，省钱又环保。

二、科学设定空调温度

空调的温度夏天设在 26 摄氏度左右，冬天设在 18 摄氏度到 20 摄氏度左右对人体健康比较有利，同时还可大大节约能源。

三、购买节能冰箱

购买那些不含氟利昂的绿色环保冰箱。丢弃旧冰箱时，打电话请厂商协助清理氟利昂。选择有"能效标志"的冰箱、空调和洗衣机，能效高，省电加省钱。

四、购买小排量汽车

购买小排量或混合动力机动车，减少二氧化碳排放。参加"少开一天车"活动。

五、规划好交通出行

选择公交，减少使用小轿车和摩托车。

汽车共享，和朋友、同事、邻居同乘，既减少交通流量，又节省汽油，减少污染，减小碳足迹。

六、购买本地食品

如今不少食品通过航班进出口，所以选择本地产品，免去空运环节，更为绿色。

可持续有机污染物（POPs）

持久性有机污染物（POPs）是指人类合成的能持久存在于环境中，通过生物食物链（网）累积，并对人类健康造成有害影响的化学物质。

与常规污染物不同，持久性有机污染物对人类健康和自然环境危害更大：在自然环境中滞留时间长，极难降解，毒性极强，能导致全球性的传播。被生物体摄入后不易分解，并沿着食物链浓缩放大，对人类和动物危害巨大。很多持久性有机污染物不仅具有致癌、致畸、致突变性，而且还具有内分泌干扰作用。

研究表明，持久性有机污染物对人类的影响会持续几代，对人类生存繁衍和可持续发展构成重大威胁。

首批列入《关于持久性有机污染物的斯德哥尔摩公约》受控名单的 12 种 POPs 是：

有意生产——有机氯杀虫剂：滴滴涕、氯丹、灭蚁灵、艾氏剂、狄氏剂、异狄氏剂、七氯、毒杀酚；

有意生产——工业化学品：六氯苯和多氯联苯；

无意排放——工业生产过程或燃烧生产的副产品：二噁英（多氯二苯并——二噁英）、呋喃（多氯二苯并呋喃）。

远离可持续有机污染物的危害

一、尽量不食用近海鱼类

近海受人们生产活动和日常生活的直接影响，污染情况相对要严重得多。例如：施洒在田地里的有机氯农药随着雨水流入河川，汇入大海；垃圾焚烧炉释放出的二噁英落入附近的土地，又随雨水流入海里；工厂排放出的含有 POPs 的污水也顺着相同的途径进入大海。据抽样调查，近海海水和底质的农药、多氯联苯、二噁英等 POPs 的含量，要远远高于远海。由于 POPs 在生物体（如鱼体）内易发生生物蓄积，并且会沿着食物链逐级放大。近海鱼类，特别是含脂肪高的鱼类，食用小鱼的大型鱼类，体内往往积蓄着高浓度的 POPs。

提示：人在食物链中处于最高营养级，因此应尽量避免摄入含 POPs 含量高的食物，尽量不食用近海鱼类。

二、控制食用肥肉和乳制品的量

无论是鸡、鸭、猪、牛的肉，还是乳制品，都可能受到 POPs 的影响。首先是饲料中残留的有机氯农药，有相当一大部分难以排出牲畜体外；其次，受环境二噁英污染的农作物也会随着饲料进入牲畜体内。因为 POPs 的亲脂性，所以易蓄积在牲畜的脂肪部分。这些 POPs 不会因牲畜长大而从体内消失，而是跟着上了人们的餐桌。要禁止食用肉类是不现实的，但是控制食用肥肉和乳制品，却能起到相当的防御作用。

提示：乳制品中乳脂肪和肥肉一样，最好加以节食。因为动物的肝脏虽然含有很高的营养成分，但也是 POPs 最容易积蓄的部位。

三、不用塑料容器加热食品

市面上包装食品的塑料薄膜分为氯化材料和聚乙烯材料。氯化材料薄膜在用完后作为垃圾处理时，会产生二噁英；同时由于生产氯化塑料薄膜时，需要添加稳定剂、增塑剂、阻燃剂等，所以当用微波炉加热时，有害物质就有可能被溶解出来。

提示：如果买回来的食品是用氯化塑料薄膜包装的话，

注意不要在带包装状态下加热，特别是油性的食品！

四、多食用食物纤维

二噁英进入人体以后，一般积蓄在皮下脂肪、腹腔内脂肪、肝脏、卵巢等部位，导致难以代谢和排泄。一个人想要将体内的二噁英的50％排泄出去，至少需要7年半时间！可是，二噁英遇到食物纤维以后，相对来说要排泄得快一些。因为二噁英排泄的途径是随着体内循环到小肠，再随大便一起排出体外。医学推荐用食物纤维来预防大肠癌和动脉硬化，就是这个道理。

提示：不要让动物性食品统占你的餐桌，多吃些蔬菜，适量吃些粗粮。

五、合理饮用净水

自来水来源于河川水库，这些水来自雨水、山林和农田，其中可能含有有机氯农药残留等POPs组分。经自来水公司处理以后，这些化学物质还有多少含量，目前尚无科学定论。值得注意的是，自来水公司为了消毒去污，都会对自来水经过氯化处理，而这必然在水里残留下致癌物质——氯仿、溴氯甲烷、二溴氯甲烷等。所以为了饮用相对干净的水，大家应选用性能好的净水器。

提示：目前的净水器一般都可以去除氯气味，但难以完全消除有机氯化合物，因此有条件的话请饮用矿泉水。经济一点的方法，也可以将净水器过滤后的水放入麦饭石浸泡一些时间后再饮用。

蓝藻及其成因

2007 年无锡太湖蓝藻事件又将环境保护问题推到了民众视线的最前沿。这次蓝藻事件影响了很多居民的生活。

蓝藻是藻类生物，又叫蓝绿藻。大多数蓝藻的细胞壁外面有胶质衣，因此又叫粘藻。在所有的藻类生物中，蓝藻是最简单、最原始的一种。

蓝藻在地球上大约出现在距今 35 亿至 33 亿年前，已知蓝藻约 2000 种，中国已有记录的约 900 种。蓝藻分布十分广泛，遍及世界各地，但大多数（约 75％）属淡水产，少数是海产。有些蓝藻可生活在 60 至 85 摄氏度的温泉中；有些种类和菌、苔藓、蕨类和裸子植物共生；有些还可穿入钙质岩石或介壳中（如穿钙藻类）或土壤深层中（如土壤蓝藻）。

蓝藻的成因是多方面的。气温、降水、日照、风向、地理环境都是蓝藻形成的原因，而最主要的原因还是人类对水资源的污染，是水体富营养化。

在一些营养丰富的水体中，有些蓝藻常于夏季大量繁殖，并在水面形成一层蓝绿色而有腥臭味的浮沫，称为"水华"；大规模的蓝藻暴发，被称为"绿潮"（和海洋发生的赤潮对应）。绿潮会引起水质恶化，严重时可耗尽水中氧气而造成鱼类的死亡。

更为严重的是，蓝藻中有些种类（如微囊藻）还会产生毒素（简称 MC），大约 50％的绿潮中含有大量 MC。MC 除了直接对鱼类、人畜产生毒害之外，也是肝癌的重要诱因。MC 耐热，不易被沸水分解，但可被活性炭吸收，所以可以用活性炭净水器对被污染水源进行净化。

酸雨对人们的危害

酸雨在国外被称为"空中死神"，其潜在的危害主要表现在四个方面。

一、对水生系统的危害

会损害鱼类和其他生物群落，改变营养物和有毒物的循环，使有毒金属溶解到水中，并进入食物链，使物种减少和生产力下降。据报道，"千湖之国"瑞典，从 20 世纪 70 年代初到 80 年代中，因酸雨有 1.8 万个湖泊酸化。国内报道重庆南山等地水体酸化，pH 值小于 4.7，鱼类不能生存，农户多次养鱼均无收获。

二、对陆地生态系统的危害，重点表现在土壤和植物

对土壤的影响包括抑制有机物的分解和氮的固定，淋洗钙、镁、钾等营养元素，使土壤贫瘠化。酸雨会损害植物新生的叶芽，影响其生长发育，导致森林生态系统的退化。据报道，欧洲每年有 6500 万公顷森林受害，在意大利有 9000 公顷森林因酸雨而死亡。我国重庆南山 1800 公顷松林因酸雨已死亡过半。

三、对人体的影响

一是通过食物链使汞、铅等重金属进入人体，诱发癌症

和老年痴呆；二是酸雾侵入肺部，诱发肺水肿或导致死亡；三是长期生活在含酸沉降物的环境中，诱使产生过多氧化脂，导致动脉硬化、心梗等疾病发病概率增加。

四、对建筑物、机械和市政设施的腐蚀

据报道，仅美国，因酸雨对建筑物和材料的腐蚀每年达20亿美元。据估算，我国仅川黔和两广四省（区），1988年因酸雨造成森林死亡、农作物减产、金属受腐蚀的经济损失总计在140亿元。

光污染对人的影响

对于人类来说，光与空气、水、食物一样，是不可缺少的。眼睛是人体最重要的感觉器官，人眼对光的适应能力较强，瞳孔可随环境的明暗进行调节。但如果长期在弱光下看东西，视力就会受到损伤。相反，强光可使人眼瞬时失明，重则造成永久伤害。人们把那些对视觉、对人体有害的光称作光污染。"光污染"是这几年来一个新的话题；它主要是指各种光源（日光、灯光以及各种反、折射光）对周围环境和人的损害作用。

国际上一般将光污染分成3类，即白亮污染、人工白昼和彩光污染。

一、白亮污染

阳光照射强烈时，城市里建筑物的玻璃幕墙、釉面砖墙、磨光大理石和各种涂料等装饰反射光线，明晃白亮、炫眼夺目。专家研究发现，长时间在白色光亮污染环境下工作和生活的人，视网膜和虹膜都会受到程度不同的损害，视力急剧下降，白内障的发病率高达45%。此外，还会使人出现头昏心烦，甚至发生失眠、食欲下降、情绪低落、身体乏力等类似神经衰弱的症状。

二、人工白昼污染

夜幕降临后，商场、酒店上的广告灯、霓虹灯闪烁夺目，令人眼花缭乱。有些强光束甚至直冲云霄，使得夜晚如同白天一样，即所谓人工白昼。在这样的"不夜城"里，人们夜晚难以入睡，扰乱了人体正常的生物钟，导致白天工作效率低下。人工白昼还会伤害鸟类和昆虫，强光可能会破坏昆虫在夜间的正常繁殖过程。

三、彩光污染

舞厅、夜总会安装的黑光灯、旋转灯、荧光灯以及闪烁的彩色光源构成了彩光污染。据测定，黑光灯所产生的紫外线强度大大高于太阳光中的紫外线，且对人体有害影响持续时间长。人如果长期接受这种照射，可诱发流鼻血、脱牙、白内障，甚至导致白血病和其他癌变。彩色光源让人眼花缭乱，不仅对眼睛不利，而且会干扰大脑中枢神经，使人感到头晕目眩，出现恶心呕吐、失眠等症状。科学家最新研究表明，彩光污染不仅有损人的生理功能，还会影响心理健康。

目前，光污染已日益引起科学家们的重视，他们正在努力研究预防的方法。人们在生活中也应注意防止各种光污染对健康的危害，避免过多过长时间接触光污染，积极创造一个美好舒适的环境。

植物对人生活的好处

植物对人的生活有重要的意义：

一、降温增湿效益——调节环境空气的温度和湿度

"大树底下好乘凉"，在炎热的夏季，绿化状况好的绿地中的气温比没有绿化地区的气温要低 3 至 5 摄氏度，如我们测定居住区绿地与非绿地气温差异为 4.8 摄氏度。

绿地能降低环境的温度，是因为绿地中园林植物的树冠可以反射掉部分太阳辐射带来的热能（约 20％ 至 50％），更主要的是绿地中的园林植物能通过蒸腾作用（植物吸收辐射的 35％ 至 75％，其余 5％ 至 40％ 透过叶片），吸收环境中的大量热能，降低环境的温度，同时释放大量的水分，增加环境空气的湿度（18％ 至 25％），例如对于夏季高温干燥的北京地区，绿地的这种作用，可以大大增加人们生活的舒适度。

1 公顷的绿地，在夏季（典型的天气条件下）可以从环境中吸收 81.8 兆焦耳的热量，相当于 189 台空调机全天工作的制冷效果。

值得注意的是，在严寒的冬季，绿地对环境温度的调节结果与炎热的夏季正相反，即在冬季，绿地的温度要比没有绿化的地面高出 1 摄氏度左右。这是由于绿地中的树冠反射了部分地面辐射，减少了绿地内部热量的散失，而绿地又可以降低风速，进一步减少热量散失。

二、吸收二氧化碳、释放氧气的效益——调节环境空气的碳氧平衡

城市绿地中的园林植物通过光合作用，吸收环境空气中的二氧化碳，在合成自身需要的有机营养的同时，向环境中释放氧气，维持城市空气的碳氧平衡。北京城近郊建成市区的绿地，每天可以吸收 3.3 万吨的二氧化碳，释放 2.3 万吨氧气，全年中可以吸收二氧化碳 424 万吨，释放氧气 295 万吨，对于维持清新的空气起到了重要的不可替代的作用。一个成年人，每天呼吸要吸进 750 克的氧气，呼出 1000 克的二氧化碳；而一棵胸径 20 厘米的绒毛白蜡，每天可以吸收 4.8 千克的二氧化碳，释放 3.5 千克的氧气，可以满足大约 5 个成年人全天呼吸的需要。

早晨随着太阳的升起，绿地中园林植物开始进行光合作用，吸收二氧化碳，释放氧气，于是环境空气中的二氧化碳含量逐渐降低；到中午左右，二氧化碳含量降到最低点；夜晚，植物光合作用停止并且也开始进行呼吸作用，而由于城市人的活动、车辆等的运转，都向空气中释放二氧化碳，空气中二氧化碳含量开始升高。所以在绿地中锻炼，从环境空气的清新程度上来说，是在上午 10 点至下午 2 点最好，而清晨并不是最好的时间。

三、滞尘效益——大自然的滤尘器

空气中的粉尘不仅本身就是一种重要的污染物，而且粉尘颗粒中还黏附有有毒物质、致病菌等，对人的健康有严重的危害。绿地中的园林植物，具有粗糙的叶片和小枝，这些叶片和小枝具有巨大的表面积，一般要比植物的占地面积大二三十倍，许多植物的表面还有绒毛或黏液，能吸附和滞留

大量的粉尘颗粒，降低空气的含尘量。当遇到降雨的时候，吸附在叶片上的粉尘被雨水冲刷掉，从而使植物重新恢复滞尘能力。

绿地滞尘的另外一个重要方面，是绿地充分覆盖地面，能有效地杜绝二次扬尘。据测定，北京空气中的粉尘，只有20％来自城市的外部，而大约80％来自城市内部的二次扬尘，所以建立良好的绿地，做到黄土不露天，是降低粉尘污染的重要措施。

四、吸收有毒气体的效益

园林植物可以吸收空气中的二氧化硫、氯气等有毒气体，并且做到彻底的无害处理。1公顷绿地，每年吸收二氧化硫171千克，吸收氯气34千克。

五、园林绿地的减菌效益

许多园林植物可以释放出具有杀菌作用的物质，如丁香酚、松脂、核桃醌等，所以绿地空气中的细菌含量明显低于非绿地。因此绿地的这种减菌效益，对于维持洁净卫生的城市空气，具有积极的意义。

吸烟对人体的危害

烟草的烟雾中至少含有三种危险的化学物质：焦油、尼古丁和一氧化碳。焦油是由几种物质混合成的，在肺中会浓缩成一种黏性物质；尼古丁是一种会使人成瘾的药物，由肺部吸收，主要是对神经系统产生影响；一氧化碳会减低红细胞将氧输送到全身的能力。

一个每天吸 15 到 20 支香烟的人，其罹患肺癌、口腔癌或喉癌致死的概率，要比不吸烟的人高 14 倍；其罹患食道癌致死的概率比不吸烟的人高 4 倍；患膀胱癌的概率要高 2 倍；患心脏病的概率也要高 2 倍。吸烟是导致慢性支气管炎和肺气肿的主要原因，而慢性肺部疾病本身，也增加了得肺炎及心脏病的危险，并且吸烟也增加了得高血压的危险。

一、对各器官的危害

口腔及喉部烟草的烟雾（特别是其中所含的焦油）是致癌物质，因此，吸烟者呼吸道的任何部位（包括口腔和咽喉）都有发生癌的可能。

二、对心脏与动脉的危害

尼古丁能使心跳加快，血压升高；烟草的烟雾可能是由于含一氧化碳之故，似乎能够促使动脉粥样化累积，而这种情形是造成许多心脏疾病的一个原因。大量吸烟的人，心脏病发作时，其致死的概率比不吸烟者大很多。

三、对食道的危害

大多数吸烟者喜欢将一定量的烟雾吞下，因此消化道（特别是食道及咽部）就有患癌疾的危险。

四、对肺的危害

肺中排列于气道上的细毛，通常会将外来物从肺组织上排除。这些绒毛会连续将肺中的微粒扫入痰或黏液中，将其排出来。而烟草烟雾中的化学物质除了会致癌，还会逐渐破坏一些绒毛，使黏液分泌增加，于是肺部发生慢性疾病，容易感染支气管炎。明显地，"吸烟者咳嗽"是由于肺部清洁的机械效能受到了损害，于是痰量增加了。

五、对膀胱的危害

膀胱癌可能是由于吸入焦油中所含的致癌化学物质所造成，这些化学物质被血液所吸收，然后经尿道排泄出来。

六、对皮肤的危害

吸烟不仅可以使面部皮肤产生皱纹和变黄，而且也可以对全身的皮肤产生同样的后果。科研人员对 82 名志愿者进行了研究，其中 41 人是吸烟者，另 41 人是非吸烟者，他们的年龄在 22 至 91 岁之间。研究人员通过观察和拍摄他们上肢内侧的图片来显示皮肤的好与坏。结果显示，年龄超过 65 岁的吸烟者比不吸烟者身体皮肤的皱褶明显增多。

研究也证明，吸烟同样会使受到衣服保护的身体皮肤出现与面部皮肤一样的损害，这是由于皮肤之下的血管萎缩和对皮肤的血液供应减少，导致皮肤受损和衰老。

吸烟对环境的危害

众所周知，吸烟有害健康，全球有 13 亿吸烟者，每年直接死于吸烟引发疾病的人数高达 500 万人；我国有 3.5 亿烟民，每年相应的死亡人数约为 100 万人。吸烟不但危害着人类的生命，同时也对环境造成了严重的影响。

香烟生产的原料——烟草，最初进入商业用途的种植是在 16 世纪初期的美洲中部，尔后从 17 世纪开始扩展到欧洲、非洲和亚洲。

一、烟草种植和加工过程中的耗材及对环境的影响

烟草大多种在树木稀疏的半干旱地区。种植烟草会破坏

土地的自然资源系统，使一块丰产的土地变为贫瘠的荒地。烟草生长成熟期比许多农作物要长，约为半年，这对土地营养消耗量很大。其所需磷肥是咖啡豆的 5.8 倍，玉米的 7.6 倍，木薯的 36 倍！过多地使用化肥使土壤板结。而烟草的加工要用火烤，烘烤 1 公顷烟叶要消耗 3 公顷林地的木材，平均烘烤 1 千克烟叶要 7.8 千克木材。种植烟草对生态环境的破坏，使得日益恶化的生态环境雪上加霜。2005 年我国烟草种植面积为 111.6 万公顷，加工这些烟草需要消耗 334.8 万公顷的木材。随着烟草的种植和加工，将有更多的土壤板结，更多的树木被砍伐，从而造成严重的水土流失。

二、卷烟制造过程中的纸消耗及对环境的污染

我国每年卷烟纸消耗约为 10 万吨左右，而每生产 1 吨纸制品要用 20 棵大树，这样算来我国每年生产卷烟纸需要消耗 200 万棵大树。同时造纸业又是高污染、高耗能的产业，每年生产 10 万吨卷烟纸会产生 642.4 万吨的污水，排放 COD（主要污染物化学需氧量）0.3 万吨，耗水量 1000 万吨，综合耗能达 15 万吨标煤（1 吨纸耗水量为 100 吨，综合耗能为1.5 吨标煤）。

吸烟后产生的烟蒂是不可降解的，将会对环境产生严重的影响。每个烟蒂的体积约为 0.49 立方厘米，据 2005 年我国卷烟消费量为 19 328 亿支计算，将会产生 94.7 万立方米的不可降解烟蒂垃圾。由于吸烟进入空气的一氧化碳约为 17.4 万吨，二氧化碳约为 26.1 万吨。

三、吸烟与火灾

据统计，全世界每年发生的火灾有 20% 是由于吸烟引起的，在我国占 6%，有些省、市占 15% 以上。由此可以看出，

由吸烟引起的火灾占较大比例。

目前，全世界都在提倡可持续发展，而环境保护正是其中的重要一项，我们应该抵制任何危害环境的行为。由以上这些统计，我们可以了解到吸烟正在严重地危害着环境，因此我们应该严格遵守《烟草控制框架公约》，将健康控烟、健康戒烟进行到底。

含磷洗衣粉的危害

水体中的磷作为营养性物质，含量较高时会形成富营养化，造成水生藻类和浮藻生物暴发性繁殖，耗尽水中氧气，使水生动植物死亡，大量的藻类也会因缺氧死亡腐烂，使水体彻底丧失使用功能。

由于营养物质积聚而造成的水体富营养化，引起浮游生物大量繁殖疯长，形成赤潮。赤潮的危害是使水中溶解氧减少，水质恶化，鱼群、虾、蟹、贝类等水产品不能正常生存，严重破坏水产资源，致使沿海地区几乎年年发生大面积赤潮，造成很大的经济损失。

含磷洗涤剂不仅对环境污染严重，还直接影响人体健康。由于含磷洗衣粉对皮肤的直接刺激，家庭主妇在洗衣服时对手和手臂会产生灼烧疼痛的感觉；而洗后晾干的衣服又让人瘙痒不止。由于含磷洗衣粉的直接、间接刺激，引起手掌灼烧、疼痛、脱皮、起泡、发痒、裂口而成为皮肤科的多发病，并经久不愈。而合成洗涤剂也已成为接触性皮炎、婴儿尿布疹、掌趾角皮症等常见病的刺激源，有的还可发展成为皮肤癌。

医学研究表明，长期使用高含磷、含铝洗衣粉，洗衣粉当中的磷会直接影响人体对钙的吸收，导致人体缺钙或诱发小儿软骨病；用高含磷洗衣粉洗衣服，皮肤常会有一种烧灼的感觉，就是因为高含磷洗衣粉改变了水中的酸碱环境，使其变得更富碱性。如果不能将所洗衣物中的残留磷冲净（实际上这很难做到，因为至少需用流水冲洗衣物 5 分钟才能减少磷的含量），日积月累，衣服当中的残留磷就会对皮肤有刺激影响，尤其是婴儿娇嫩的皮肤；另外，碱性强的含磷洗衣粉也容易损伤织物，尤其是纯棉、纯手织类，长期使用这些以强碱性达到去污目的的洗衣粉，衣物也会被烧伤。

那么铝呢？研究表明，洗涤剂中的铝盐会使生物产生慢性中毒，严重时会致使生物死亡。铝在生物体内具有蓄积性，铝盐一旦进入体内，首先沉积在大脑，并且不会被损耗掉，随着大脑铝的积累，会诱发老年性痴呆症；铝同时会在肾脏等组织中积累，诱发肾衰竭症；铝盐进入骨髓中，会导致骨髓组织软骨化，造成儿童软骨病；一旦进入血液内，会发生缺铁性贫血；此外，人体内铝过多地蓄积，还会引起肝功能衰竭、卵巢萎缩及关节炎和支气管炎等症。当然，量变才会引起质变，长期使用含铝洗涤剂，尤其是婴幼儿织物及贴身内衣，就易造成铝盐在人体内的积累。许多人从用铝锅改为用铁锅就是这样一个道理。

无磷洗衣粉一般以天然动植物油脂为活性物，并复配多种高效表面活性剂和弱碱性助洗剂，可保持高效去污无污染，对人体无危害。

第三章

没人告诉你的环保服装常识

大多数人对于服装的追求，只是着眼于服装的款式、颜色、质感等外在的表现，却很少有人会关注服装的安全性。事实上，科学实验证实：纺织服装的染料中有 12 种致癌物质，10 种可致皮肤过敏。如果能够掌握服装环保知识，无异于为自己的生命安全装上了一把保险锁。

环保服装

环保服装是指原料采用天然纤维，印染使用无害于人体的化学剂、色素，严格控制甲醛残留、卤化染色载体等有害物质，杜绝使用22种致癌中间体和相应的100余种燃料助剂、涂料以及10多种有害重金属而生产的服装。有些发达国家规定，环保服装必须有经过毒物测试的相应标志。

环保服装的环保作用表现在很多方面，比如其面料的生产过程可以避免向环境排放含硫的有毒气体、废液；在纺丝生产中使用的溶剂可以100%回收再利用；合理、科学地选用无害于人类健康的化学剂、色素，并且控制有害物质，实现自然与人类、技术的良性循环等。

绿色环保作为一种设计理念引入时装始于20世纪80年代，而1997年2月在德国杜塞尔多夫举办的最新成衣展中，首次集中展示了环保服装，并颁发了时装环保奖，将绿色环保理念推到了一个新的高度，使得环保、休闲、健康开始成为一种世界性的语言。

今天，选择环保服饰，已经成为消费者的理性需求。天然纤维，无论是棉、麻，还是丝绸，都以其无毒、无害、无副作用而受到消费者的青睐，成为21世纪的消费热点。传统的棉毛料服装也因此大受欢迎，因为这种服装被丢弃两三年后，会自动分解腐烂，能够减少对环境的污染。随着研发的不断深入，有一种衣服见"水"就化，这可不是我们平常说的水，而是一种被水稀释了的皂液。这种衣服是用特殊的纸质纤维做的，并且事先做了化学处理，只有在一定浓度的皂液中才会产生化学反应；遇到雨水或一般的水却无动于衷，即使穿着这种纸衣服在雨中踢球或赶路，也无须担心衣服会溶解而变得赤身裸体。还有一种用喷雾器"喷"出来的衣服。特制的喷雾器内装有一种特殊的液状纤维，只需往与人体一般大小的模子上一喷，几秒钟后液状纤维遇空气定型，就变成了一件舒适合体的服装。这种成衣方法省去了传统服装制作中剪裁、缝纫、熨烫等一道道工序，不用针线，省时又省力。这种液状纤维也能被皂液分解，制作起来更为方便。

天然织物能耗少的原因

根据计算，一条约 400 克重的涤纶裤，假设它在台湾生产原料，在印度尼西亚制作成衣，最后运到英国销售。预定其使用寿命为两年，共用 50 摄氏度温水在洗衣机洗涤过 92 次；洗后用烘干机烘干，再每次平均花两分钟熨烫。这样算来，它"一生"所消耗的能量大约是 200 千瓦时，相当于排放 47 千克二氧化碳，是其自身重量的 117 倍。

相比之下，棉、麻等天然织物不像化纤那样由石油等原料人工合成，因此消耗的能源和产生的污染物相对较少。根据英国剑桥大学制造研究所的研究，一件 250 克重的纯棉 T 恤在其"一生"中大约排放 7 千克二氧化碳，是其自身重量的 28 倍。

在面料的选择上，大麻纤维制成的布料比棉布更环保。墨尔本大学的研究表明，大麻布料对生态的影响比棉布少50％。用竹纤维和亚麻做的布料也比棉布在生产过程中更节省水和农药。

不同年代，人们对服装面料有不同选择。从世界服装面料的消费来看，人们消耗化学纤维的比重远远大于天然纤维，因为天然纤维的生产受土地的限制。但随着科技水平的发展，近几年来，经过改良的天然纤维越来越受到人们的喜爱。

目前，容易被人们接受的服装面料是以"生态为基础，时尚为目的"的从天然物质中提取的纤维。"生态"是指服装在加工过程中不破坏环境，在穿着时呵护人体；"时尚"是对款式、色彩、图案等视觉方面的要求。比如，由于散湿性强、抗菌性优，亚麻过去主要用于加工休闲服装。现在，经过精细化处理后，还能制成高档时装和贴身内衣产品等。

除了亚麻这种传统面料外，一些新型环保纤维也是符合"生态"、"时尚"要求的。比如，近些年出现的玉米纤维、竹纤维和牛奶纤维等就是主要代表。玉米纤维可再生、可降解，用玉米纤维制成的服装像棉制品一样柔软，有丝织品的天然光泽和悬垂感。牛奶纤维的原料是从液态牛奶制成奶制品后的奶粕中提取的，经过一系列处理后制成牛奶长丝或短纤维，这种面料质地轻盈、柔软、滑爽，具有特殊的生物保健功能。它富含保湿因子，能保养与改进皮肤肤质，是生产内衣的上佳面料。牛奶纤维针织内衣一上市，就受到了消费者的欢迎。

服装已从最初的遮盖身体、抵挡风寒，发展到现在的追求舒适、美观，其功能发生了翻天覆地的变化。这种变化既体现了科技的进步又反映出人们对生活质量的要求不断提高。各种纤维都有自己的优点和缺点，不同纤维的组合可以扬长避短。随着人们环境意识的不断增强，以环保为主题的新型纤维服装将成为未来的发展趋势。

服装的"碳标签"

服装在诞生过程中，也存在破坏环境的事情。诸如：原料种植贮存阶段、面料制造印染过程中使用的大量化学试剂，污染了土地和水源，在整个生产链加工过程中不仅消耗了燃料、电力及水等资源，而且产生的碳排放更是全球气候变暖、环境进一步恶化的元凶之一。可见一件新衣的产生，既已"历经磨难"，而这同时也是地球的磨难。

在北欧、美国以及澳大利亚等开始征收排碳税的国家和地区，一些环保人士在购买新衣之后，会自觉登录网站，为自己的新衣缴纳排碳税。在我国，也有一些以环保为己任的消费者开始选择购买总碳排放量低的服装。

那么，什么才是总碳排放量低的服装？有机棉的诞生让我们看到了希望。这种生产全过程天然无污染并可降解的材料一经推出，就备受推崇。如何才能购买到总碳排放量最低的服装？消费者们希望自己生着一对火眼金睛。

在美国等一些环保发达的国家，已经出现了服饰上的

"碳标签"。我国香港地区成立了服装企业可持续发展联盟，计划在服装生产上进行低碳流程设计，并转化为成衣上的碳标签。服装产业的碳标签只是一个缩影，在台湾，碳标签已于 2010 年 3 月从 IT（信息技术）产业及食品饮料行业开始推行。

"碳标签"是服装生产厂商推行服装生产工序更透明化的一个不错手段，既有利于消费者更快地掌握衣服的环保性能，也更利于服装界环保事业的健康发展。近期服装界推出的"衣年轮"、"树年轮"等概念就与"碳标签"的功能和意图是一样的。

低碳服装仅用环保材料是不够的，企业在生产过程中还要向环保的 5R 原则靠拢，真正把节约能源及减少污染（Reduce）、环保选购（Reevaluate）、重复使用（Reuse）、分类回收再利用（Recycle）、保证自然与万物共存（Rescue）落在实处。

低碳着装的有关知识

低碳着装主张：减少购买服装的频率、选择环保面料、选购环保款式、减少洗涤次数、选择环保洗涤、手洗代替机洗、旧衣翻新、转赠他人、旧物利用、一衣多穿等。

低碳装：按照低碳着装主张，选择在原料、面料、设计加工等方面尽可能采取了低碳排放手段的服装，或采取了低碳排放工艺及购买了相应碳排放补偿的服装企业的服装。

低碳生活要从细节做起，以衣服为例，要合理添置，不要频繁购买和更换新衣。自己孩子穿小的衣服，可以给亲友或邻居家的小孩子穿，也可捐赠给需要的人。洗衣服时，至少一星期要用手洗一次，夏天穿的衣服比较单薄，更可以多用手洗，这与用洗衣机相比，既可以节电，又可以省水。

衣年轮：指的是服装的碳排放指数，用来衡定每件衣服的使用年限、生命周期内的碳排放总量及年均碳排放量。每个衣年轮由半径不等的多个同心圆相套组成，圆的数量代表每件衣服的使用年限；最大圆的总面积代表每件衣服在生命周期内的总碳排放量；圆与圆之间的间距表示每件衣服的年均碳排放量。

环保消费 5R 原则：随着社会及个人环境意识的不断增强，环保服饰正成为 21 世纪主导服装市场的主要产品，企业未来在开发产品时应从环保消费的 5R 原则着手，即节约能源及减少污染（Reduce）、环保选购（Reevaluate）、重复使用（Reuse）、分类回收再利用（Recycle）、保证自然与万物共存（Rescue），以避免因无法满足消费者需求而错失商机。

将旧衣改造成环保购物袋：很多人把不穿的衣物丢弃掉，这些衣物大部分还是挺新的，可以由社区或相关组织出面把这些衣服收集起来，做成环保布袋发给小区或是附近的居民。这样人们去超市或农贸市场购物时，就可以少用塑料袋了。

解下领带：2005 年夏天日本商界白领纷纷脱下他们标志性的深蓝职业装，换上领子敞开的浅色衣服。这是日本政府为节约能源所做的努力。那年夏天，政府办公室的温度一直保持在 28 摄氏度。整个夏天，日本因此减少排放二氧化碳

7.9万吨。

让衣服自然晾干：研究表明，一件衣服60％的"能量"在清洗和晾干过程中释放。需要注意的是，洗衣时用常温水，而不要用热水；衣服洗净后，挂在晾衣绳上自然晾干，不要放进烘干机里。这样，你总共可减少90％的二氧化碳排放量。

衣物的环保常识

服装面料，可根据纤维来源分为两类：一是天然纤维面料，如纯棉、麻、真丝等；二是化学纤维面料，如尼龙、涤纶、醋酸纤维、粘胶纤维等。因为后者在加工过程中添加了苯、甲醛、芳香剂、增白剂等化学物质，多少会通过皮肤进入人体损害健康，所以，购买衣物要尽量选择天然面料，尤其是内衣裤。

一、购买及穿着

购买衣物其实并不只是合身美观就可以了，还要注意：尽量购买没有经过漂染及化学处理的衣服，颜色浅的布料一般比颜色深的安全。标签上如果注有"容易处理"、"不起皱"、"永久免熨"、"不缩水"、"防水"等字样，您可得当心了，这种衣料是经过化学处理的。

二、美丽不等于其他生命的装扮

沙图什，用藏羚羊腹部底绒织成的披肩，是世界上最精致的财富标志，却使得藏羚羊遭受大规模的无情屠杀。与藏羚羊有着同等命运的生物还有海豹、浣熊、鳄鱼……有多少无辜的生命被人类戕害，有多少物种在人类毫无意义的奢华追求中濒临绝境。我们不禁要问：人类真正需要的是沙图什还是和谐的大自然？因此，拒绝购买装戴这些种类的服装服饰制品，也是为环保作贡献的方式之一。

新衣服买回来要洗后再穿

其实无论内外衣都应该要洗了再穿。虽然现在服装厂对衣物的后整理已经比较成熟了，例如对面料的预缩（比如缩水处理），以及对一些在染色过程中使用的甲醛等有害化学物质的处理……但无数工人的作业污染以及别人的试穿，都不可避免地会带来污染。新买的衣服在遵照洗标的说明下，一般都是用清水泡一下，用手轻轻揉搓就可以了。如果有需要的话，用的洗涤剂必须要柔和，以免新衣服还没穿就被糟蹋了。

还有很重要的一点，除了内衣类需要定期在阳光下暴晒消毒之外，一般的衣物都还是反过来阴干为好。这样衣服的颜色才不会有太大的变化。

衣服中会含有什么有害物质

为了满足人们对服装的更高要求，服装制造商在服装加工制作过程中，往往会使用一些对人体有害的化学添加剂。

如为防止缩水，采用甲醛树脂处理；为使衣服增白而使用荧光增白剂；为使衣服笔挺而做了上浆处理等。这些化学物质多多少少对皮肤都有些损害，其中对人体健康损害最大的就是印染服装所使用的染料。

不少人喜欢购买出口转内销的服装，认为这些服装用料讲究、做工精细。但是，出口转内销服装并不代表没有缺陷。很多色彩绚丽、款式新颖的服装被打回票的原因是使用了偶氮染料。据专家的介绍，出口西欧等地的服装必须接受禁用染料的检测，凡是服装偶氮染料含量超标的，就会被认为对人体有害，将不允许进入其市场。这种染料在人的身体上驻留的时间很长，就像一张张贴在人皮肤上的膏药，通过汗液和体温的作用引起病变。医学实验表明，这种作用甚至比通过饮食引起的作用还快。而在我国行销的服装却不需要接受类似的检测。有关专家已经在呼吁有关部门尽早建立起相关的法规，保护消费者的利益。另外，这些染料里的重金属成分更会给自然界造成污染，尤其是对空气和水质的影响非常大。

服装中除了染料可能含有有毒物质外，有些运动服会使用一种叫作磷酸三丁酯的有毒物质。这是一种重金属化合物，用于生产防止海洋生物附着船体的油漆，因为这种物质可杀灭细菌并消除汗臭味，从而成为运动衣的一种理想的添加剂。但是，这种物质如果在人体中含量过高，就会引起神经系统疾病，破坏人体免疫系统，并危害肝脏。

虽然就每件衣服而言，这些有害物质对人体健康的损害程度是很微小的，但天天接触，它所造成的影响就不能不令人担心了。

所以，我们建议消费者，在享受高科技带来的成果的同时，也要注意它的副作用。日常着装最好是选择天然纤维织成的布料，并且是采用天然染料染色的，不要穿会褪色的衣服，尽量选择浅色衣服。

环保衣服面料

有机棉花在种植时不使用农药，比一般的棉花更环保，但是要贵得多。由于棉花种植对环境造成不良影响，人们开始寻找能取代它的更加环保的天然纤维，例如大麻纤维。虽然天然大麻纤维比较粗硬，以前只用来做绳子、粗布等，但是大麻纤维经过新技术的处理可以变得既柔软又牢固，能用来做布料。大麻纤维的强度是棉花纤维的 4 倍，抗磨损能力是棉花纤维的 2 倍，并在抗霉变、抗污垢、抗皱等方面都有优势。与种植棉花相比，种植大麻需要的灌溉水、杀虫剂等都少得多，因此不仅更便宜，而且也更环保。墨尔本大学的研究表明，如果用大麻取代棉花生产布料、油和纸张，其"生态足迹"（对生态的影响）能减少 50％。类似地，用竹纤维和亚麻做的布料也因为节省水和少用农药，比棉布要环保得多。

有的人造纤维也比较环保。人造丝是用木浆生产的，使用的是可再生的树木，和棉花相比，树木的种植需要的水灌溉和农药都较少。用玉米淀粉生产的聚乳酸纤维，和用石油生产的化纤相比，能减少化石燃料使用量 20％到 50％。聚乳酸纤维的折射率较低，因此不需要用大量的染料也能获得深色。

选择"绿色服装"

耐用的服装比容易损坏的服装更绿色，最绿色的服装是已经挂在你衣橱里的那些——从资源消耗的角度来说是这样的：大家少买新衣服，就可以减少生产衣服所耗费的物资和能源。当然这不太符合经济规律，一味限制人们对时尚的追求也是不现实的。服装对环境的影响主要不在于生产和销售流程，而是使用过程中的清洗。洗衣服要消耗大量的水和电，洗涤剂和干洗溶剂还会造成环境污染。为了在这方面做到"绿色"，重要的是注意爱护衣物，尽量避免弄脏，以减少洗涤次数。

人们平时所说的"绿色服装"或"生态服装"，是从健康的角度出发而论，指那些用对环境损害较小或无害的原料和工艺生产的对人体健康无害的服装。纺织品生产过程需要用到多种染料、助剂和整理剂，棉花生长过程中使用的杀虫剂有一部分会被纤维吸收，这些物质如果在成品服装中残留过量，会危害人体健康。许多国家和行业机构制定了生态纺织品技术标准，对纺织品的有害物质残留（例如甲醛、重金属、杀虫剂）、pH（酸碱）值、挥发性物质含量等进行了规定，并要求不得使用有害染料、整理剂和阻燃剂等。其中最权威的是国际环保纺织协会的 Oeko—Tex Standard 100 标准，通过相关认证的产品可以悬挂 Oeko－Tex 标签，因此，该标签是选购绿色服装的最佳参照之一。

保存衣物的方法

一、大衣、西裤、丝绸等需要保持挺括或者容易皱的衣物（不仅是衣服，也包括围巾等小物件）

这些衣物是一定要挂起来的，折叠放置的做法绝对错误！这样的衣服一般需要干洗，取回的时候干洗店会在衣服上罩上一个袋子，大家不妨不要取下袋子，连同它一起挂进衣柜里，可以防尘。

二、裙子

易皱的裙子应该挂起来，不易皱的棉裙则可以卷成圆筒状放置，这样可防止折痕并保持挺括。为了节省衣柜空间，裙子不用单独占一个衣架，可以和西服等挂在一起。

三、针织衫

针织衫折叠整齐放在一起即可，万万不可以乱七八糟随便揉成一团扔在一边。针织衫是很娇气的衣服，乱叠乱扔或者过分挤压都会对衣服造成损害。

四、T恤衫

T恤衫式样都一样，只是花纹不同，因此可以把图案折向外面，这样找衣服可节省时间。有些T恤的图案是贴花，容易脱落，夏天温度高时还容易融化，粘到一起，因此可以用白色的纸把图案部位跟其他地方隔开。

五、羊毛毛衣

羊毛毛衣极易变形，如果挂起来会越挂越长，所以悬挂是绝对不可以的，折起来平铺放就行了。为了防止灰尘，浅色毛衣最好用透明的袋子装好，袋子里放一两小盒印度香驱虫。深色毛衣则不用。

六、褶皱类衣服

这类衣服不能像其他衣服一样折得太平整以免褶皱消失，而让整件衣服的味道大打折扣。正确做法是把衣服轻轻拧两圈，打个结就行了。

防止衣物发霉的方法

在阴雨天，由于空气的湿度异常高，所以我们要紧闭门窗尽量减少家中与外界的接触，从而减少水汽进入室内。等到天气晴好时，就可打开所有的门窗，促使水分迅速蒸发。开窗时应避免在中午时分，此时的空气湿度处在最高值；下午或傍晚空气湿度相对小些，可以适当地开窗通风，调节空气湿度。

一、除湿剂防潮法

在长期处于潮湿的日子里，最受损的恐怕就是家中的衣物了，为了防止衣物发霉，最有效的办法是使用除湿剂。

吸湿盒：衣柜除湿必备。市面上比较常见的吸湿用品，一般由氯化钙颗粒作为主要内容物，大部分还添加了香精成分，所以集除湿、芳香、抗霉、除臭等功能于一体。吸湿盒多用于衣柜、鞋柜的吸湿。使用时只需放入柜子里面即可。

　　吸湿包：密闭空间效果最佳。吸湿包的原理与吸湿盒相似，但内容物以吸水树脂为主，吸收了水分后就变成果冻状，不易散成碎末。使用范围也更广泛，除衣物外，皮具、邮票、相机、钢琴、电脑、影音器材等都可以找它帮忙除湿。如果把吸湿包放置在密闭的空间里，吸湿效果更佳。

　　另外，使用石灰来除湿也是个不错的选择，当然，这里不是用石灰来防止衣物发霉，而是要把石灰用布或麻袋包起来，放在房间的角落，以保持室内空气的干燥。

　　二、室内升温法

　　在返潮的室内烧上一盆木炭火或者放上火炉，或者打开电暖气来提高室内的温度，可以阻止水汽凝结，从而达到降低室内湿度的目的。

　　三、抽湿法

　　目前绝大多数的空调都有一个抽湿的功能，在潮湿的季节，你也可以打开空调抽湿来使室内的湿度降低，其效果也是不错的。

除去衣物霉味和霉斑

　　闻到衣柜里的衣服发出霉味时，你可以在洗衣盆的清水中加入两勺白醋和半袋牛奶，把衣服放在这特别调配的洗衣水中浸泡 10 分钟，让醋和牛奶吸附衣服上的霉味，然后上冲冲，下洗洗，左搓搓，右揉揉，最后用清水漂洗干净，霉味就没有了。

如果你要急着出门，来不及用这个方法去除霉味，还可以再试试用吹风机去霉味的办法：把衣服挂起来，将吹风机定在冷风挡，对着衣服吹 10 到 15 分钟，让大风带走衣服的霉味，然后你就可以放心地穿上它出门了。

擦去衣服霉斑：比霉味更可怕的就是霉斑。好好的一件白衬衫一夜之间变成了斑点装，穿上它出门肯定被人笑死了。别烦恼，其实除霉的方法很简单。

把发霉的衣服放进淘米水中浸泡一夜，让剩余的蛋白质吸附霉菌。第二天，淘米水的颜色变深了，霉斑已经清除了不少。对于霉斑依然较顽固的地方，可涂些 5％的酒精溶液，或者用热肥皂水反复擦洗几遍，然后只要按常规搓洗，霉斑就可以完全除去了。

选择绿色服装

2002 年，欧盟公布禁止使用 22 种偶氮染料指令；2004 年 1 月 1 日起，国家质检总局对纺织品中甲醛含量进行严格限定；国家对服装的甲醛含量、偶氮染料等五项健康指标强制设限。"穿着健康"日益受到人们关注，绿色、环保成为各类服装的卖点。

一、服装纷纷称环保

市售标称绿色环保的服装还真不少：

（1）"信心纺织品"标志，同时标有"通过对有害物质检验"等字样；

（2）"Ⅰ型环境标志"；

（3）"符合国家纺织产品安全规范"标志；

（4）十环相扣的"中国环境标志"；

（5）中国纤维检验局"生态纤维制品标志"；

（6）中国纤维检验局"天然纤维产品标志"；

（7）某某民间组织"生态纺织品标志"。

除"生态纤维制品标志"、"天然纤维产品标志"的发证单位为我国纤维产品的法定检验和执法检查部门——中国纤维检验局外，其余几个标志的发证单位要么是民间组织，要么是私营公司。而且，它们无一不标榜自己"唯一"、"权威"。

二、"绿色服装"有乾坤

目前，市售服装挂绿色、环保标签的情况比较混乱，主要存在四个方面的问题：一是挂有绿色、环保标签的产品pH值、甲醛、致癌染料等安全指标达不到安全性要求；二是发证单位根本未对产品进行检验，只要企业给钱就给发证；三是管理不规范，企业使用标签的过程缺少监督，标签随便印；四是发证单位多是一些民间组织以及一些私营企业，一旦发证产品出现重大质量问题或发证单位解散、倒闭，消费者维权无门。

所谓生态、绿色、环保服装，应当是经过毒害物质检测，具有相应标志的服装。此类服装必须具备以下条件：从原料到成品的整个生产加工链中，不存在对人类和动植物产生危害的污染；服装不能含有对人体产生危害的物质或有却不超过一定的极限；服装不能含有对人体健康有害的中间体物质；洗涤服装不得对环境造成污染等。另外，它还应该经过权威检测、认证并加饰有相应的标志。

三、"生态标签"最权威

目前的服装环保标志中，以"生态纤维制品标志"、"天然纤维产品标志"两个影响力最大、最权威。两个标志均为在国家工商总局商标局注册的证明商标，受到《商标法》和有关法规双重保护。两个标志的发证单位——中国纤维检验局，是全国最高纤维检验管理机构，直属国家质量监督检验检疫总局领导。其所属的国家纤维质量监督检验中心具有国内一流及国际领先的检测设备及技术水平。

两种标志的使用范围、品牌品种、使用期限、数量都有严格的规定，申领这两种标志必须经过严格的审批。产品质量须经严格的现场审核和抽样检验，检验项目除包括甲醛、可萃取重金属、杀虫剂、含氯酚、有机氯载体、PVC（聚氯乙烯）增塑剂、有机锡化合物、有害染料、抗菌整理、阻燃整理、色牢度、挥发性物质释放、气味等 13 类安全性指标外，还要求产品的其他性能如缩水率、起毛起球、强力等必须符合国家相关产品标准要求。而且，企业使用两种标志情况由中国纤维检验局及其设在各地的检验所实行监控。中国纤维检验局每年定期召开多次"全国生态纤维制品管理监控质量工作会议"，根据监控中发现的问题，及时总结、改善、提高管理监控质量。

生态纤维制品标签的证明商标是以经纬纱线编织，呈树状图形，意为"常青树"，生态纤维制品是绿色产品，拥有绿色就拥有一切。天然纤维产品标志的证明商标由 N、P 两个字母构成图形，N 为英文 Natural 的第一个字母，意为"天然"；P 为 Pure 的第一个字母，意为"纯"。天然纤维产品标志的证明商标证明其产品的原料是天然的，质量是纯正的。如果产品拥有生态纤维制品标签，消费者就可以在纸吊牌、粘贴标志、缝入商标处看到这种树状图形。

穿衣如何更环保

提到"穿衣有道"，可能很多人会认为是探讨如何把衣服穿得漂亮、时尚，其实，仅从我们所穿的衣物来看，与环保这一全球人类的共同主题也有着紧密联系。据科技部统计显示，全国每年有 2500 万人每人少买一件不必要的衣服，可节能约 6.25 万吨标准煤，减排二氧化碳 16 万吨。

一、商标未摘的"过时"衣服

服装方面的过度消费，以及给环境带来的压力，已经是个世界问题。在香港，香港"地球之友"推动"旧衣回收"活动多年，却发现在回收的旧衣中，平均有 5％至 10％的旧衣，上面还挂着价钱或牌子名称的"吊牌"，意味着这些衣服从未穿过就给丢弃。该会以香港在 2003 年共回收近 2290 万件旧衣物来推算，其中可能多达 115 万至 229 万件是新衣服。

在英国有人发起了"戒买"行动，倡导购买成衣上瘾的人们停止购买任何衣物一年。认真打理现有的衣物，做到"衣尽其用"。操作的一年当中，绝大多数人不但省掉了一笔不菲的花费，而且也一样能从已有的服装中找到美感和自信。

二、"快餐式服装"的环境压力

在追逐时尚、推崇方便的当代社会，越来越多的人偏爱售价低廉、频繁淘汰的"快餐式服装"，由此带来的环境问题不容忽视。近日一份报告指出，"快餐式服装"受宠使人类付出巨大环境代价，这应归咎于消费习惯、认识误区和经营模式等多方面原因。

除了那些国际大名牌和名贵的皮草外，其实我们所穿的衣服是越来越便宜了。许多利用合成材料制作的衣服，成本和价格都要比实际看上去的样子低得多。于是，很多人在购买衣服的时候认为便宜，常有一种"穿一阵，扔掉也不会可惜"的心理。他们所购买的廉价服装就被称为"快餐式服装"。这些服装淘汰起来似乎不那么令人心疼，方便买家紧跟新款，尤其博得了那些追逐潮流的青少年青睐。

据报道，全球消费者每年在服装和纺织品上的开销超过1万亿美元。在许多地方，一件衣服穿几代人的事情已经成为历史，廉价的"快餐式服装"成为穿衣主流。受其影响，英国女性服装销量仅2001年到2005年间就增加了21%，开销达到240亿英镑（470亿美元）。尽管许多人已经对瓶瓶罐罐和纸张的循环使用习以为常，但对旧衣服却通常是一扔了之。据统计，英国人每年人均丢弃的衣服和其他纺织品重量为30千克，只有八分之一的旧衣服被送到慈善机构重复使用。

三、穿有道德的服装

是否是自己必须，是否皮草伤害小动物，是否用有机材料制成，是否可以循环利用、二次再生？当你购买衣物时，如果是把自己的思考分给环境保护一部分，可能你会做出一些不一样的选择。

有机棉：棉花在生产过程中以有机肥、生物防治病虫害、自然耕作管理为主，不许使用化学制品，从种子直到长成棉花都是在无污染的环境下完成。

玉米纤维：从玉米中提炼出化工醇，然后再利用化工醇生产出聚酯切片，抽丝成聚酯纤维，纺丝织成布料做成服装。"玉米服装"最大的特点是绿色环保，不易变形，不产生静电，对皮肤无刺激。

竹纤维：竹纤维的手感，一般人以为会像粗麻布，但实际上它的手感像柔软的棉，甚至比棉更软一些。而且竹纤维是天然抗菌的一种材质，适合长期户外活动的人群。

纳米服装：经纳米技术处理的服装能够防止和降解污物，甚至清除有害气体。基于上述功能，自动清洁服装可减少洗涤次数，因而更符合环保原则。

据了解，服装界的环保材料也正在走进市场。因为有如此的"绿色"功效，纳米衣服的售价比一般产品贵30％，有机棉质服装的售价比传统棉质产品高50％左右。以玉米为原料生产服饰需要买进特殊的加工机械，用于印染、烘干和装饰图案等方面，同样也不便宜。不过，你也可以考虑一下，省掉几件衣服的价格，买一件环保时尚且有道德感的衣物，作为下一件新衣。

与这些新技术领域的环保努力相比，还有人提出一些更加实际可行的穿衣环保。有人提议，为满足人们一时穿衣之需，可以采用服装租赁的做法，服装就像图书馆中的书一样在不同人之间循环使用。零售商大力开展服装租赁业务，比如婚礼商店可出租晚礼服，或从顾客那里回收旧服装，甚至可以新旧衣物合理置换的方式，来有效处理废旧衣物。另外，还有人建议人们不用熨斗，采用晾干的办法，以节省大量能源。

第四章

你一定要掌握的环保饮食常识

民以食为天，饮食是人类生存的基础，也是每一个人不可或缺的重要因素。饮食虽然人人需要，必不可少，可是这其中的学问却是十分深奥，诸如：食物是否有污染？是怎么被污染的？怎样才能更环保地饮食？如何才能保证食物安全？这些知识是每一个人都必须掌握的。

有机食品与其他食品的区别

有机食品是一种国际通称，是从英文"Organic Food"直译过来的，其他语言中也有叫生态食品或生物食品等。这里所说的"有机"不是化学上的概念，而是指采取一种有机的耕作和加工方式。有机食品是指按照这种方式生产和加工的、产品符合国际或国家有机食品要求和标准并通过国家认证机构认证的一切农副产品及其加工品，包括粮食、蔬菜、水果、奶制品、禽畜产品、蜂蜜、水产品、调料等。

有机食品是目前国际上对无污染天然食品比较统一的提法。有机食品通常来自于有机农业生产体系，根据国际有机农业生产要求和相应的标准生产加工的。除有机食品外，目前国际上还把一些派生的产品如有机化妆品、纺织品、林产品或有机食品生产而提供的生产资料，包括生物农药、有机肥料等，经认证后统称为有机产品。

目前，我国有关部门在推行的其他标志食品还有无公害食品和绿色食品。可以认为，无公害食品应当是普通食品都应当达到的一种基本要求，绿色食品是从普通食品向有机食品发展的一种过渡产品。有机食品与其他食品的区别体现在如下几方面：

（1）有机食品在生产加工过程中绝对禁止使用农药、化肥、激素等人工合成物质，并且不允许使用基因工程技术；而其他食品则允许有限使用这些技术，且不禁止基因工程技术的使用，如绿色食品对基因工程和辐射技术的使用就未作规定。

（2）在生产转型方面，从生产其他食品到有机食品需要2至3年的转换期，而生产其他食品（包括绿色食品和无公害食品）没有转换期的要求。

（3）数量控制方面，有机食品的认证要求定地块、定产量，而其他食品没有如此严格的要求。

因此，生产有机食品要比生产其他食品难得多，需要建立全新的生产体系和监控体系，采用相应的病虫害防治、地理保护、种子培育、产品加工和储存等替代技术。科学家研究发现，有机食品含有更高的有益矿物质，并且有助于提高人们的营养吸收。

有机产品标志

"中国有机产品标志"的主要图案由三部分组成——外围的圆形、中间的种子图形及其周围的环形线条。

标志外围的圆形形似地球，象征和谐、安全；圆形中的"中国有机产品"字样为中英文结合方式，既表示中国有机产品与世界同行，也有利于国内外消费者识别。

标志中间类似于种子的图形代表生命萌发之际的勃勃生机，象征了有机产品是从种子开始的全过程认证，同时昭示出有机产品就如同刚刚萌发的种子，正在中国大地上茁壮成长。

种子图形周围圆润自如的线条象征环形道路，与种子图形合并构成汉字"中"，体现出有机产品植根中国，有机之路越走越宽广。同时，处于平面的环形又是英文字母"C"的变体，种子形状也是"O"的变形，意为"China Organic"。

绿色代表环保、健康，表示有机产品给人类的生态食品环境带来完美与协调；橘红色代表旺盛的生命力，表示有机产品对可持续发展的作用。所以消费者购买时应认清有机产品的标志。

无公害食品

在中国食品安全体系中，无公害食品是食品安全的底线标准。

无公害农产品是指产地环境、生产过程、产品质量符合国家有关标准和规范的要求，经认证合格获得认证证书并允许使用无公害农产品标志的未经加工或初加工的食用农产品。

在无公害农产品生产中，允许按规定程序使用农药、化肥，但有害物质残留不会超过允许标准。无公害农产品的产品质量要优于普通农产品，但低于有机食品和绿色食品。

通常我们可能通过无公害农产品标志来区分普通农产品和无公害农产品。无公害农产品标志图案主要由麦穗、对勾和无公害农产品字样组成。麦穗代表农产品，对勾表示合格，金色寓意成熟和丰收，绿色象征环保和安全。

绿色食品有什么标准

近年来，绿色食品以其鲜明的无污染、无公害形象赢得了广大消费者的好评，但是，绿色食品并非指那些"绿颜色"的食品，而是指按特定生产方式生产，并经国家有关的专门机构认定，准许使用绿色食品标志的无污染、无公害、安全、优质、营养型的食品。

在许多国家，绿色食品又有着许多相似的名称和叫法，诸如"生态食品"、"自然食品"、"蓝色天使食品"、"健康食品"、"有机农业食品"等。由于在国际上，对于保护环境和与之相关的事业已经习惯冠以"绿色"的字样，所以，为了突出这类食品产自良好的生态环境和严格的加工程序，在中国，统一被称作"绿色食品"。

绿色食品具备以下条件：

（1）产品或产品原料产地必须符合绿色食品生态环境质量标准；

（2）农作物种植、畜禽饲养、水产养殖及食品加工必须符合绿色食品生产操作规程；

（3）产品必须符合绿色食品标准；

（4）产品的包装、贮运必须符合绿色食品包装贮运标准。

绿色食品分 A 级绿色食品和 AA 级绿色食品，AA 级优于 A 级。A 级绿色食品，系指在生态环境质量符合规定标准的产地，生产过程中允许限量使用限定的化学合成物质，按特定的生产操作规程生产、加工，产品质量及包装经检测、检查符合特定标准，并经专门机构认定，许可使用 A 级绿色食品标志的产品。AA 级绿色食品（等同有机食品），系指在生态环境质量符合规定标准的产地，生产过程中不使用任何有害化学合成物质，按特定的生产操作规程生产、加工，产品质量及包装经检测、检查符合特定标准，并经专门机构认定，许可使用 AA 级绿色食品标志的产品。

如何识别绿色食品

绿色食品标志是由中国绿色食品发展中心在国家工商行政管理局、商标局正式注册的质量证明商标。

绿色食品标志由中国绿色食品协会认定颁发，作为一种特定的产品质量证明商标，其商标专用权受《中华人民共和国商标法》保护。

我们在选购食品时，应认清绿色食品标志。A 级标志为绿底白字，AA 级标志为白底绿字。此外，还可以登录"中国绿色食品网"（www.greenfood.org.cn）辨别产品的真伪。

绿 色 包 装

绿色包装发源于 1987 年联合国环境与发展委员会发表的《我们共同的未来》，到 1992 年 6 月，联合国环境与发展大会通过了《里约环境与发展宣言》、《21 世纪议程》，随即在全世界范围内掀起了一个以保护生态环境为核心的绿色浪潮。

绿色包装有以下特点：

一、实行包装减量化（Reduce）

绿色包装在满足保护、方便、销售等功能的条件下，应是用量最少的适度包装。欧美等国将包装减量化列为发展无害包装的首选措施。

二、包装应易于重复利用（Reuse）或易于回收再生产（Recycle）

通过多次重复使用，或通过回收废弃物，生产再生制品、焚烧利用热能、堆肥化改善土壤等措施，达到再利用的目的。既不污染环境，又可充分利用资源。

三、包装废弃物可以降解腐化（Degradable）

为了不形成永久的垃圾，不可回收利用的包装废弃物要能分解腐化，进而达到改善土壤的目的。当前世界各工业国家均十分重视发展利用生物或光降解的包装材料。

Reduce、Reuse、Recycle 和 Degradable 即是当今世界公认的发展绿色包装的 3R 和 1D 原则。

四、包装材料对人体和生物应无毒无害

包装材料中不应含有有毒物质或有毒物质的含量应控制在有关标准以下。

五、在包装产品的整个生命周期中，均不应对环境产生污染或造成公害

即包装制品从原材料采集、材料加工、制造产品、产品使用、废弃物回收再生，直至最终处理的生命全过程均不应对人体及环境造成公害。

以上绿色包装的含义中，前四点应是绿色包装必须具备的要求，最后一点是依据生命周期评价，用系统工程的观点，对绿色包装提出的理想的、最高的要求。

转基因食品

生物工程的兴起和发展是 20 世纪生命科学领域最伟大的事件，目前，转基因作物正在按照人们的意愿被"重新设计"。有人预言，21 世纪将是转基因作物的一个转换期，科技含量将有很大的提高。但如何评价转基因食品的安全问题，是摆在世人面前的难题和挑战。

自然界每种生物都固有不同的生命特征，而保持这些生命特征的物质就是细胞核中的基因（DNA）。所谓转基因生物就是指为了达到特定的目的而将 DNA 进行人为改造的生物。通常的做法是提取某生物具有特殊功能的基因片段，通过基因技术加入到目标生物当中。经基因改造的农作物，外表和天然作物没多大区别，味道也相似，但有的转基因作物中添加了提高营养物质的基因，有的则可以适应恶劣的自然

环境以及提高产量和质量等。

　　据不完全统计，1996 年全球转基因农作物耕种面积为170 万公顷，到了 2000 年增至 4420 万公顷，短短 4 年增长近 30 倍，发展迅猛可想而知。而其中转基因的大豆和玉米的耕种面积约占总耕种面积的 80％左右。在食品工业中，大豆和玉米以及它们的加工品都是必不可少的原料，利用这些转基因原料制成的食品也是转基因食品。

　　目前，国际上通常称转基因食品为"有风险的食品"，对它的利弊争论激烈。一方认为，转基因对人不会有任何危险，而且转基因技术的应用给农业生产带来了革命。经过转基因的农产品比传统的农产品具有更强的生长优势，而且可以添加额外的营养物质或除去某些不良物质，惠及生产商和消费者。而另一方则认为，当一种功能基因被移入另一机体中，这种基因的功能可能发生不可预知的变化，而机体的相应反应更不可预测。另外疾病可能有很长的潜伏期，而毒性物质对人体的危害也需要一个积累的过程才能显现。转基因食品对人体的长期影响还难以有科学定论。

　　转基因食品越来越广泛地进入人类的食物链，从而引起了全球的关注。一些消费者开始抵制和反对转基因食品，世界各地的绿色和平组织也大声疾呼反对转基因。在种种压力之下，目前大部分国家开始逐步严格对转基因食品的管理。

　　我国非常重视对转基因作物和转基因产品的管理。2001年 5 月 23 日，我国颁布的《农业转基因生物安全管理条例》规定，进口农业转基因生物用作加工原料的，应向有关部门提出申请，经安全评价合格的，才可颁发农业转基因生物安全证书。2002 年 3 月 20 日，农业部正式执行了 3 个关于转基因生物的管理办法，规定了第一批实施标识管理的农业转基因生物名单：主要有大豆、玉米、油菜、棉花、番茄及它们的种子和加工品等。2002 年 7 月 1 日，卫生部开始实施《转基因食品卫生管理办法》，规定转基因产品的进口商在对华销售其产品前，必须获得卫生部食用安全与营养质量评价验证，进一步加强了对转基因食品的监督管理，保障了消费者的健康权和知情权。

食品中的污染物

食品中的污染物质来源很多，大致可以分为四个方面：

第一方面，污染物质来源于食物生产所在地的大气、水源和土壤中的污染，也就是生产环境污染。生产环境污染会直接影响到食物，容易将污染物残留在食物内。例如，大气中的悬浮颗粒物覆盖在植物叶面上，影响植物呼吸作用和光合作用，影响植物生长和品质，同时叶片可直接吸收粉尘中的有害物，造成蔬菜污染。

第二方面，污染物来自农作物栽培中的农药和化肥，以及畜牧生产中的兽药、激素等，称为原料生产过程中的污染。污染物残留在食品中或被农作物、牲畜吸收，人们吃了含有残毒的植物、粮食和肉类后会影响健康。

第三方面，污染物来自食品加工中的添加物和污染物、包装当中的有害物质等，称为加工处理中的污染。例如，食品包装纸与食品直接接触，如果不清洁可能含有的有害物质，就会造成对食品的污染，直接影响人的身体健康。

第四方面，食品在家庭中储藏、烹调等过程中产生的污染，称为家庭中的污染。这一方面的污染往往容易被我们忽视，但实际上冰箱中的细菌、餐具上残留的油污等都会对食物产生一定的污染，也需要引起注意。

这四方面的污染源都在威胁着消费者的健康，我们在挑选食物时，应该尽量挑选绿色食品，并在储藏、烹调等过程中注意保证食物的质量。

食品加工污染

随着人们生活水平的提高，膳食中的加工食品比例越来越大。在我国大城市，这个比例已经超过了70％。食品加工过程中需要水、配料、各种设备、仓库和厂房，原料需要储存，产品需要包装，这些环节都有可能引入污染。

食品加工中可能产生的污染包括：

一、热解产物

食品加工的温度过高时，会产生一些对人体有害的物质。例如蛋白质和油脂加热温度过高时，其中的成分会经过化学作用而变质，变质后的物质可能具有毒性，或致癌，食用后对人体有害。

二、苯并（a）芘的污染

这种化学物质主要产生于各种有机物（如煤、柴油、汽油、原油及香烟）的不完全燃烧。食品在烟熏、烧烤或烘焦等制作过程中，燃料的不完全燃烧产生的苯并（a）芘［B（a）P］直接接触食品会造成污染。据报道，煤烟及大气飘尘中的苯并（a）芘降落入土壤和水中，植物可从中吸收苯并（a）芘造成食物的间接污染。另外，食品在加工贮存过程中，有时也会受到含苯并（a）芘的物质的污染。如将牛奶在涂石蜡的容器中存放，石蜡中的苯并（a）芘可全部转移至牛奶中。

防止苯并（a）芘污染主要措施是在食品加工过程中油温不要超过 170 摄氏度，可选用电炉和间接热烘熏食品，不要使食品与炭火直接接触。

三、亚硝胺的污染

N—亚硝基化合物有很多种，不同种类的 N—亚硝基化合物在毒性上相差很大，其急性毒性主要是造成肝脏的损害；慢性毒性主要为致癌性。

腌制菜时使用的粗制盐中含有硝酸盐，可被细菌还原成亚硝酸盐，同时蛋白质可分解为各种胺类，而合成亚硝胺；使用食品添加剂亚硝酸盐或硝酸盐直接加入鱼、肉中作为发色剂时，在适当条件下，也可形成亚硝胺。防止亚硝胺对食品污染的主要措施是改进食品加工方法。如不用燃料木材熏制；在加工腌制肉或鱼类食品时，最好不用或少用硝酸盐。

我国规定了香肠、火腿、腊肉、熏肉等肉制品（GB9677—88）和啤酒（GB2758—81）中的 N—亚硝胺均不得超过 3 微克/千克。

四、铅、砷等有害物质的污染

在加工金属机械、容器时会导致所含金属毒物的迁移；使用不符合卫生要求的包装材料也会使有害物质溶出和迁移。此外，使用食品添加剂、不合理使用化学清洗剂也会造成铅、砷等有害金属对食物的污染。

五、微生物、病毒等生物性污染

生熟不分，不洁的容器，从业人员不洁净的手，空气中的尘埃，未经消毒或消毒不彻底的设备，未消毒或未彻底消毒的包装材料等，都会在食品加工中造成微生物、病毒等生物性污染。

正确认识食品添加剂

食品安全成为我国乃至于全世界高度关注的热门话题，食品安全是人们的日常生活中不可避免的问题，更是人类赖以生存与发展的永恒的话题。在食品行业中，咸式食品从食盐呈味发展到味精呈鲜，以至现在鸡精等的复合调味的出现，都离不开食品添加剂，可以说没有食品添加剂就没有现代食品工业。食品添加剂也是当今人们生活水平不断提高的必然需求。

有的食品包装标示不当，导致消费者的误解，尤其是"不加防腐剂"、"不添加防腐剂"、"不含防腐剂"等使消费者误认为"防腐剂"等同于"食品添加剂"，甚至有人误解"加了食品添加剂就是不安全的"、"加了防腐剂就是不安全的"。其实食盐、白糖、味精都是食品添加剂，许多食品广泛地应用于营养强化剂，营养强化剂也是食品添加剂种类之一，如常见的维生素糖果、AD 钙奶、富铁酱油等都加入了营养强化剂，这对人体健康是有很大帮助的。

在各类食品添加剂中，食品防腐剂可以说是消费者误解最多的一个品种。由于知识的缺乏和某些误导，一些消费者把食品防腐剂与"有毒、有害"等同起来，把食品中的防腐剂看作食品中主要的安全隐患，其实不然。

食品在一般的自然环境中，因微生物的作用将失去原有的营养价值、组织性状以及色、香、味，变成不符合卫生要求的食品。食品防腐剂是指为食品防腐和食品加工、储运的需要，加入食品中的化学合成物质或天然物质。它能防止食品因微生物引起的腐败变质，使食品在一般的自然环境中具有一定的保存期。

在现代食物加工中，只有具有相当的保藏食品能力才有可能适应消费者的需求，所以，食品都必须使用适当的防腐技术。食品防腐剂的用途，广义地说，就是减少、避免人类的食品中毒；狭义地说，是防止微生物作用而阻止食品腐败的有效措施之一。

我们一定不要"谈虎色变"，要正确看待食品添加剂，实际上食品添加剂对人们的身体健康是有益的，关键在食品生产过程中如何正确使用。只有正确认识、了解食品添加剂的性能，才能很好地发挥食品添加剂的最佳功效，才能保证高品质食品的生产，才能保证食品安全的同时降低生产成本。

食物添加剂

食品添加剂主要有化学合成的和天然的，我国批准使用于食品生产的有 20 多个类别 1700 多个品种，主要有增稠剂、乳化剂、抗结剂、消泡剂、被膜剂、水分保持剂、稳定剂和凝同剂、甜味剂、酶制剂、调味剂、面粉处理及品质改良剂、防腐抗氧化剂、保鲜剂、着色剂、香精香料及其他、营养强化剂、漂白剂、胶姆糖基础剂、护色剂、酸度调节剂、螯合剂、分离剂、充气剂、赋性剂、食品加工助剂等。这些被允许使用于食品的食品添加剂都经过了国家相关卫生监督部门以及检测部门的毒理学依据性实验，每一种食品添加剂都有相应范围的食品加工应用和安全使用量、质量标准、鉴别方法等。

到目前为止，国家只批准了 32 种允许使用的食物防腐剂，其中最常用的有苯甲酸、山梨酸等。苯甲酸的毒性比山梨酸强，而且在相同的酸度值下抑菌效力仅为山梨酸的 1/3，因此许多国家已逐步改用山梨酸。但因苯甲酸及其钠盐价格低廉，在我国仍作为主要防腐剂使用，主要用于碳酸饮料和果汁。山梨酸及其盐类抗菌力强，毒性小，是一种不饱和脂肪酸，可参与人体的正常代谢，并被转化而产生二氧化碳和水，而且由于其防腐效果好，对食品口味亦无不良影响，已越来越受到欢迎。

二噁英对人体的危害

二噁英是氯化三环芳烃类化合物，被誉为环境中的"重复杀手"，是一种毒性极强的特殊有机化合物，包括多氯代二苯并二噁英、多氯代二苯呋喃和多氯代联苯等。其毒陛比氰化钠要高 50 至 100 倍，比砒霜高 900 倍。

二噁英进入人体的途径主要有呼吸道、皮肤和消化道。它能够导致严重的皮肤损伤性疾病，具有强烈的致癌、致畸作用，同时还具有生殖毒性、免疫毒性和内分泌毒性。如果人体短时间暴露于较高浓度的二噁英中，就有可能会导致皮肤的损伤，如出现氯痤疮及皮肤黑斑，还会引致肝功能的改变。如果长期暴露则会对免疫系统、发育中的神经系统、内分泌系统和生殖功能造成损害。研究表明，暴露于高浓度的二噁英环境下的工人其癌症死亡率比普通人群高 60 个百分点。二噁英进入人体后所带来的最敏感的后果包括：子宫内膜异位症、影响神经系统行为（识别）发育效应、影响生殖（精子的数量、女性泌尿生殖系统畸形）系统发育效应以及免疫毒性效应。

目前还很难将二噁英处理为对环境和人类无污染的物质。尽管还在研究其他的方法，但焚烧仍不失为最可行的办法，这种办法需要 850 摄氏度以上高温。为了破坏掉大量被污染的物质，有时甚至需要 1000 摄氏度或更高的温度。为了减少二噁英对人类健康的危害，最根本的措施是控制环境中二噁英的排放，从而减少其在食物链中的比重。在过去的十年里，许多发达国家所采取的控制二噁英释放的措施已经使暴露二噁英的事件大大减少。由于 90％ 的人是通过饮食而意外的暴露于二噁英，因此，保护食品供应是非常关键的一个环节。食品污染可以发生在由农场到餐桌的任何一个阶段。保证食品的安全是一个从生产到消费的连续的过程。在最初的生产、加工、分配和销售过程中，良好的控制和操作惯例对于制作安全的食品都是必不可少的。食品污染监测系统必须要保证二噁英不超过规定的容许量。一旦怀疑有污染事件发生时，国家就应该采取应变措施来鉴定、扣押以及处置那些不安全食品；对暴露的人群则应该就暴露的程度和影响进行检查。

　　二噁英是一种剧毒物质，万分之一甚至亿分之一克的二噁英就会给人们的健康带来严重的危害。二噁英污染是关系到人类存亡的重大问题，必须严格加以控制。

三 聚 氰 胺

　　2008 年，由于毒奶粉事件，化学品"三聚氰胺"进入人们的视线。

　　三聚氰胺是一种三嗪类含氮杂环有机化合物，重要的氮杂环有机化工原料。三聚氰胺是一种用途广泛的基本有机化工中间产品，最主要的用途是作为生产三聚氰胺、甲醛树脂（MF）的原料。三聚氰胺还可以作阻燃剂、减水剂、甲醛清洁剂等。该树脂硬度比脲醛树脂高，不易燃，耐水、耐热、耐老化、耐电弧、耐化学腐蚀，有良好的绝缘性能、光泽度和机械强度，广泛运用于木材、塑料、涂料、造纸、纺织、皮革、电气、医药等行业。其主要用途有以下几方面。

（1）装饰面板：可制成防火、抗震、耐热的层压板，色泽鲜艳、坚固耐热的装饰板，也可作飞机、船舶和家具的贴面板及防火、抗震、耐热的房屋装饰材料。

（2）涂料：用丁醇、甲醇醚化后，作为高级热固性涂料、固体粉末涂料的胶联剂，可制作金属涂料和车辆、电器用高档氨基树脂装饰漆。

（3）模塑粉：经混炼、造粒等工序后可制成蜜胺塑料，无毒、抗污，潮湿时仍能保持良好的电气性能，可制成洁白、耐摔打的日用器皿、卫生洁具和仿瓷餐具，也可制成电器设备的高级绝缘材料。

（4）纸张：用乙醚醚化后可用作纸张处理剂，生产抗皱、抗缩、不腐烂的钞票和军用地图等高级纸。

（5）三聚氰胺—甲醛树脂与其他原料混配，可以生产出织物整理剂、皮革柔润剂、上光剂、抗水剂、橡胶黏合剂、助燃剂、高效水泥减水剂和钢材淡化剂等。

目前三聚氰胺被认为毒性轻微，大鼠口服的半数致死量大于 3 克/千克体重。据 1945 年的一个实验报道：将大剂量的三聚氰胺饲喂给大鼠、兔和狗后没有观察到明显的中毒现象。动物长期摄入三聚氰胺会造成生殖、泌尿系统的损害，膀胱、肾部结石，并可进一步诱发膀胱癌。1994 年由国际化学品安全规划署和欧洲联盟委员会合编的《国际化学品安全手册》第三卷和国际化学品安全卡片也只说明：长期或反复大量摄入三聚氰胺可能对肾与膀胱产生影响，导致产生结石。2007年美国宠物食品污染事件的初步调查结果认为：掺杂了小于等于6.6％三聚氰胺的小麦蛋白粉是宠物食品导致中毒的原因，为上述毒性轻微的结论画上了问号。但为安全考虑，一般采用三聚氰胺制造的食具都会标明"不可放进微波炉使用"。由于食品和饲料工业蛋白质含量测试方法的缺陷，三聚氰胺也常被不法商人用作食品添加剂，以提升食品检测中的蛋白质含量指标。蛋白质主要由氨基酸组成，其含氮量一般不超过30％，而三聚氰胺的分子式含氮量为66％左右。通用的蛋白质测试方法"凯氏定氮法"是通过测出含氮量来估算蛋白质含量，因此，添加三聚氰胺会使得食品的蛋白质测试含量偏高，从而使劣质食品通过食品检验机构的测试。有人估算在植物蛋白粉和饲料中使测试蛋白质含量增加一个百分点，用三聚氰胺的花费只有真实蛋白原料的1/5。三聚氰胺作为一种白色结晶粉末，没有什么气味和味道，掺杂后不易被发现。因此三聚氰胺也被人们称为"蛋白精"。

厨房中会产生有害气体

对于家庭来说，厨房是一个重要的污染源。各种燃气灶具和热水器要使用天然气或液化石油气作为热源，而这些燃气在燃烧的过程中会迅速地消耗氧气，排出二氧化碳、一氧化碳、氮氧化物等有害气体。如果烧煤和木炭的话，还会产生二氧化硫、多环芳烃等更多有害气体。从这个角度来说，节约燃料也就是保护厨房中的环境，改善整个家庭的室内空气。

目前，有许多有利节能的锅具，可以帮助我们大大减少燃料的使用量。例如，用焖烧锅来煮粥煲汤省火、安全又好喝；用高压锅来烹调难煮熟的杂粮和肉类又快又好；电是清洁能源，用微波炉、电炊具烹调也可以减少燃气的使用量，而且热效率很高。

从烹调方法来说，熏烤的烟气和高温时的油烟是厨房中最可怕的污染，它们含有很多的有毒、致癌物质，也是厨房变得肮脏的主要原因。少做熏烤煎炸食品，减少烹调中的油烟，不仅能保持厨房的清洁和漂亮，也做到了节能和环保。

健康饮用水标准

人们每天都要喝水，但什么是健康、安全的饮用水却很少有人知道。在全球"水危机"的大背景下，如何保证持续、长久的健康，安全饮用水来源也成为各国专家探讨的重要问题。

在世界水大会上，世界卫生组织提出的"健康水"的完整科学概念引起了广泛关注。其概念是饮用水应该满足以下几个递进性要求：

（1）没有污染，不含致病菌、重金属和有害化学物质；

（2）含有人体所需的天然矿物质和微量元素；

（3）生命活力没有退化，呈弱碱性，活性强等。

我国的《生活饮用水卫生标准》是从保护人群身体健康和保证人类生活质量出发，对饮用水中与人群健康的各种因素（物理、化学和生物），以法律形式作的量值规定，以及为实现量值所做的有关行为规范的规定，经国家有关部门批准，以一定形式发布的法定卫生标准。新的饮用水国家标准将在近期内颁布施行。新标准的水质检验项目由原来的35项增加至107项。

生活饮用水水质标准和卫生要求必须满足三项基本要求：

（1）为防止介水传染病的发生和传播，要求生活饮用水不含病原微生物。

（2）水中所含化学物质及放射性物质不得对人体健康产生危害，要求水中的化学物质及放射性物质不引起急性和慢性中毒及潜在的远期危害（致癌、致畸、致突变作用）。

（3）水的感官性状是人们对饮用水的直观感觉，是评价水质的重要依据。生活饮用水必须确保感官良好，为人们所乐于饮用。

健康水必须是有源头的天然好水，而非以自来水为水源；生产过程要以水源地灌装，确保水质，一般都获取水质相当稳定的深层水。要符合健康水的概念，必须要从保护现有水源做起，而保护水源就必须加大对污染的治理，并在饮用水生产过程中严格管理，避免二次污染。

果蔬含天然毒素

有些蔬菜和水果本身含有天然毒素，应小心食用。

一、豆类，如四季豆、红腰豆、白腰豆等

毒素：植物凝血素

病发时间：进食后1到3小时内。

症状：恶心呕吐、腹泻等。红腰豆所含的植物凝血素会刺激消化道黏膜，并破坏消化道细胞，降低其吸收养分的能力。如果毒素进入血液，还会破坏红细胞及其凝血作用，导致过敏反应。研究发现，煮至80摄氏度未全熟的豆类毒素反而更高，因此必须煮熟煮透后再吃。

二、竹笋

毒素：生氰葡萄糖苷

病发时间：可在数分钟内出现。

症状：喉道收紧、恶心、呕吐、头痛等，严重者甚至死亡。食用时应将竹笋切成薄片，彻底煮熟。

三、苹果、杏、梨、樱桃、桃、梅子等水果的种子及果核

毒素：生氰葡萄糖苷

病发时间：可在数分钟内出现。

症状：与竹笋相同。此类水果的果肉都没有毒性，果核或种子却含有毒素，儿童最易受影响，吞下后可能中毒，给他们食用时最好去核。

四、鲜金针

毒素：秋水仙碱

病发时间：一小时内出现。

症状：肠胃不适、腹痛、呕吐、腹泻等。秋水仙碱可破坏细胞核及细胞分裂的能力，令细胞死亡。经过食品厂加工处理的金针或干金针都无毒，如以新鲜金针入菜，则要彻底煮熟。

五、青色、发芽、腐烂的马铃薯

毒素：茄碱

病发时间：一小时内出现。

症状：口腔有灼热感、胃痛、恶心、呕吐。

马铃薯发芽或腐烂时，茄碱含量会大大增加，带苦味，而大部分毒素正存在于青色的部分以及薯皮和薯皮下。茄碱进入人体内，会干扰神经细胞之间的传递，并刺激肠胃道黏膜，引发肠胃出血。

另外还需注意以下几种天然毒素。

鲜蚕豆：有的人体内缺少某种酶，食用鲜蚕豆后会引起过敏性溶血综合征，即全身乏力、贫血、黄疸、肝大、呕吐、发热等，若不及时抢救，会因极度贫血死亡。

鲜木耳：含有一种光感物质，人食用后会随血液循环分布到人体表皮细胞中，受太阳照射后，会引发日光性皮炎。这种有毒光感物质还易于被咽喉黏膜吸收，导致咽喉水肿。

腐烂变质的白木耳：它会产生大量的酵米面黄杆菌，食用后胃部会感到不适，严重者可出现中毒性休克。

未成熟的青西红柿：它含有生物碱，人食用后也会导致中毒。

识别受污染的鱼

随着人类科学技术和生产的发展，尤其是农药和化肥的广泛应用，众多的工业废气、废水和废渣的排放，一些有毒物质，如汞、酚、有机氯、有机磷、硫化物、氮化物等，混杂在土壤里、空气中，源源不断地注入鱼塘、河流或湖泊，甚至直接进入水系，造成大面积的水质污染，致使鱼类受到危害。被污染的鱼，轻则带有臭味、发育畸形，重则死亡。人们误食受到污染的鱼，有毒物质便会转移至人体，在人体中逐渐积累，引起疾病。因此人们在吃鱼时一定要辨别清楚，可通过以下几个特征来识别污染鱼。

一、畸形的鱼

鱼体受到污染后的重要特征是畸形，只要细心观察，不难识别。污染鱼往往躯体变短变高，背鳍基部后部隆起，臀鳍起点基部突出，从臀鳍起点到背鳍基部的垂直距离增大；背鳍偏短，鳍条严密，腹鳍细长；胸鳍一般超过腹鳍基部；臀鳍基部上方的鳞片排列紧密，有不规则的错乱；鱼体侧线在体后部呈不规则的弯曲，严重畸形者，鱼体后部表现凸凹不平，臀鳍起点后方的侧线消失。另一重要特征是，污染鱼大多鳍条松脆，一碰即断，最易识别。

二、含酚的鱼

鱼眼突出，体色蜡黄，鳞片无光泽，掰开鳃盖，可嗅到明显的煤油气味。烹调时，即使用很重的调味品盖压，仍然

114

刺鼻难闻，尝之麻口，使人作呕。被酚所污染的鱼，不可食用。

三、含苯的鱼

鱼体无光泽，鱼眼突出，掀开鳃盖，有一股浓烈的"六六六"粉气味。煮熟后仍然刺鼻，尝之涩口。含苯的鱼，其毒性较含酚的更大，一定不可食用。

四、含汞的鱼

鱼眼一般不突出，鱼体灰白，毫无光泽，肌肉紧缩，按之发硬，掀开鳃盖，嗅不到异味。经过高温加热，可使汞挥发一部分或大部分，但鱼体内残留的汞毒素仍然不少，不宜食用。

五、含磷、氯的鱼

鱼眼突出，鳞片松开，可见鱼体肿胀，掀开鳃盖，能嗅到一股辛辣气味，鳃丝布满黏液性血水，以手按之，有带血的脓液喷出，入口有麻木感觉。被磷、氯所污染的鱼，应该忌食。吃了被污染的鱼，人体可能慢性中毒、急性中毒，甚至诱发多种疾病，可致畸、致癌。人们垂钓、食用时一定要多加注意。

野 生 动 物

许多人对"野味"异常热衷，以食用珍禽异兽为荣，实际上这是一种愚昧、不文明的表现，既带来生态平衡的破坏，又危及自身的健康。

人们往往认识不到，各种野生动物的存在，是人类过安全、幸福生活的保障。

例如，鸟类和青蛙是多种害虫的天敌。由于人们的过度捕杀，鸟类和蛙类数量锐减，导致我国森林和农田的虫害极其频繁。因此人们只好大量使用杀虫农药，但是这样又使人类的食物和水源受到污染。又如，蛇和猫头鹰是老鼠的天敌，但由于人类热衷于吃蛇和猫头鹰，致使许多地区鼠害严重，仅北京市一年中所投放的鼠药便达300吨之多，带来的污染令人担心。

对野味的热衷除了破坏环境外，餐桌上的野味没有经过卫生检疫就进了灶房，染疫的野生动物对人体构成了极大的危害。据专家介绍，野生动物在野外除死于天敌外，有相当一部分是死于各种疾病，如鹿的结核病患病率就不低。而且，野生动物存在着与家禽家畜一样的寄生虫和传染病，有些病还会与家禽家畜交叉感染。吃野生动物对人类健康的威胁不可小觑。

野生动物是生物链中重要的一环，不能无节制地捕杀。即使捕杀不受国家保护的动物，也要办理相应的手续，并通过卫生检疫后才可食用。为了保护生态平衡，也为了人类自身的健康，不要滥吃野生动物。

食品垃圾分类回收

随着食品包装档次的提高，食品垃圾的数量也以惊人的速度增加——食品包装塑料袋、饮料罐、罐头瓶、纸饮料盒、包装纸、玻璃瓶和果皮菜叶等，如果把它们混在一起扔进垃圾堆，也许在十几年后，我们的周围就被垃圾所填满了。

食品垃圾中，塑料袋、塑料纸是在自然中数百年都不能分解的物质，会带来严重的白色污染；果皮、菜叶、剩饭等属于营养物质，易分解，完全可以制成上好的有机肥，用它们来施种的食物味道香、无污染；玻璃、饮料瓶、金属罐头壳、纸盒等都可以回收利用。

如果将食品垃圾分类收集起来物尽所用，就可以避免因垃圾乱堆放而引起令人烦恼、臭气熏天的困扰，而得到的是丰富的资源和清洁的环境。所以在日常生活中请不要嫌麻烦，分类回收食品包装材料，让我们的环境更加干净美丽。

第五章

你要了解的绿色生态环保住房

环保住房就是拥有健康、舒适而又安全的居住空间，能够最大限度地减少污染，并且在建筑整个生命周期内都实现了高效地利用资源（节能、节地、节水、节材）的住房，换句话说，环保住房就是绿色生态的住房。

节能环保房

　　节能环保房是一个能够节省能源、提供高舒适度、没有污染的房子。它能利用各种自然能源，如太阳能、风能、地热和沼泽气体。例如，遮阳篷与太阳能电池可以转换为电能，雨水收集和污水处理技术可以提供水消防、园艺和清洗汽车用水，从而节约大量的水。

　　调查显示，有 88.24% 的网友支持节能环保房，认为节能改造措施势在必行。网友发帖称：为了能够享受一个温暖的冬天，为了能让子孙后代拥有良好的生存环境，"住宅集中供暖"、"建筑材料环保"、"节能"将成为自己买房时一定要考虑的问题。

　　我国明确了"十二五"期间建设 3600 万套保障房的目标，这些保障房能否建成节能环保的绿色建筑，决定其在国家节能减排战略的天平上占据何等的重量。

　　众所周知，把保障房建成节能环保房，势必增加建设成本。当不少地方政府仍强调保障房建设的难度、苦于完成保障房"量"的目标时，一些地区已经关注保障房的节能"绿"化，并推动保障房"质"的提升，实属难能可贵。

　　作为政府出资建设的保障房，开始注重节能环保，从根本上说是关注民生的体现。如果把保障房看作是雪中送炭的话，那么节能环保就是锦上添花。把保障房都建成节能环保房，让低收入群体也能享受到现代城市的居住环境，不仅有房住，还能住得舒适、健康、绿色、环保。

　　保障房有益人民，节能环保更是利国利民。用绿色建筑的标准来建设保障房，既可以为住房困难群体建造宜居住房，又符合国家节能减排的大方向，既有利于充分发挥政府推进建筑节能的示范和引导作用，又有利于提高住房保障工作的质量和水平。

室内空气污染的来源以及危害

　　当今，人类正面临"煤烟污染"、"光化学烟雾污染"之后，以"室内空气污染"为主的第三次环境污染。

　　美国专家检测发现，在室内空气中存在 500 多种挥发性有机物，其中致癌物质就有 20 多种，致病病毒 200 多种。危害较大的主要有：氡、甲醛、苯、氨以及酯、三氯乙烯等。大量触目惊心的事实证实，室内空气污染已成为危害人类健康的"隐形杀手"，也成为世界各国共同关注的问题。研究表明，室内空气的污染程度要比室外空气严重 2 至 5 倍，在特殊情况下可达到 100 倍。因此，美国已将室内空气污染归为危害人类健康的 5 大环境因素之一。世界卫生组织也将室内空气污染与高血压、胆固醇过高症以及肥胖症等共同列为人类健康的十大威胁。据统计，全球近一半的人处于室内空气污染中，室内环境污染已经引起 35.7% 的人患呼吸道疾病，22% 的人患慢性肺病，15% 的人患气管炎、支气管炎和肺癌。

我国室内环境污染的现状：近几年，我国相继制定了一系列有关室内环境的标准，从建筑装饰材料的使用，到室内空气中污染物含量的限制，全方位对室内环境进行严格的监控，以确保人们的身体健康。因此，人们往往认为现代化的居住条件在不断地改善，室内环境污染已经得到控制。其实不然，人们对室内环境污染的危害还远未达到足够的认识。

应当看到，在我国经济在迅速发展的同时，由于建筑、装饰装修、家具造成的室内环境污染，已成为影响人们健康的一大杀手。据中国室内环境监测中心提供的数据，我国每年由室内空气污染引起的超额死亡数可达 11.1 万人，超额门诊数可达 22 万人次，超额急诊数可达 430 万人次。严重的室内环境污染不仅给人们健康造成损害，而且造成了巨大的经济损失，仅 1995 年我国因室内环境污染危害健康所导致的经济损失就高达 107 亿美元。

专家调查后发现，居室装饰使用含有有害物质的材料会加剧室内的污染程度，这些污染对儿童妇女的影响更大。有关统计显示，目前我国每年因上呼吸道感染而致死亡的儿童约有 210 万，其中 100 多万儿童的死因直接或间接与室内空气污染有关，特别是一些新建和新装修的幼儿园和家庭室内环境污染十分严重。北京、广州、深圳、哈尔滨等大城市近几年白血病患儿都有增加的趋势，而住在过度装修过的房间里是其中的重要原因之一。

一份由北京儿童医院的调查显示，在该院接诊的白血病患儿中，有九成患儿家庭在半年内都曾经装修过。专家据此推测，室内装修材料中的有害物质可能是小儿白血病的一个重要诱因。

从目前检测分析，室内空气污染物的主要来源有以下几个方面：建筑及室内装饰材料、室外污染物、燃烧产物和人本身活动。其中室内装饰材料及家具的污染是目前造成室内空气污染的主要方面。国家卫生、建设和环保部门曾经进行过一次室内装饰材料抽查，结果发现具有毒气污染的材料占68％，这些装饰材料会挥发出300多种挥发性的有机化合物。其中甲醛、氨、苯、甲苯、二甲苯、挥发性有机物以及放射性气体氡等，人体接触后，可以引起头痛、恶心呕吐、抽搐、呼吸困难等，反复接触可以引起过敏反应，如哮喘、过敏性鼻炎和皮炎等，长期接触则能导致癌症（肺癌、白血病）或导致流产、胎儿畸形和生长发育迟缓等。

改善室内空气质量

现代社会中，人的一生平均有超过60％的时间是在室内度过的，这个比例在城市里高达80％。因此，室内空气质量与人体健康的关系十分密切。

家庭室内空气污染主要包括两大类：一类是气体污染物。如厨房煮饭炒菜产生的一氧化碳、氮氧化物及强致癌物。室内装饰材料、化妆品、新家具等散发出的有毒有害物质，主要有甲醛、苯、醚酯类、三氯乙烯、丙烯腈等挥发性有机物等。人本身也是空气污染源之一，有关数据显示，每人每天呼出约500升二氧化碳气体，人的皮肤散发的乳酸等有机物则多达271种。据测定，居室内一支香烟的污染比马路上一辆汽车的污染对人体的危害还要大。

另一类是微生物污染物。如细菌、病毒、花粉和尘螨等。室内潮湿的地方，容易滋生真菌，造成微生物污染室内空气。真菌在大量繁殖的过程中，还会散发出令人讨厌的特殊臭气。这些生物污染可以引起房屋使用者的过敏性疾病及呼吸道疾病等健康损害。因此，可以说"家庭环保"的重点就是要消灭这些污染来源，这样不仅对家庭成员的健康提供了保证，同时也会减少对外部环境的污染。

所以，为了营造一个好的室内环境，我们就得改善室内空气的质量。

首先，在装修房屋的时候，要选择带有环保标志的绿色装饰材料。可以向中国建筑装饰协会等单位咨询这方面的详细情况，也可以请室内监测中心的人员来检测室内的空气质量。

其次，要充分发挥抽油烟机的功能。无论是炒菜还是烧水，只要打开灶具，就应把抽油烟机打开，同时关闭厨房门，把窗户打开，这样有利于空气流通，消除污染物。

马桶冲水时放下盖子，平时不用时尽量不要打开。

水箱中最好使用固体缓释消毒剂，并选用安全有效的空气消毒产品来净化空气。

此外，在打扫卫生时，有条件的最好使用吸尘器，或者用拖把和湿抹布。如用扫帚，动作要轻，不要把灰尘扬起加重空气污染。尽量不使用地毯、鸡毛掸子。

使用空调的家庭，最好能启用一台换气机。其中换热器效率较高者为佳，有的换热效率可达 70% 左右，所排出的冷风可以有效地将从室外抽入的热新风冷却，使室内空气保持新鲜。此外，还可使用空气净化器。

当然，要保持居室空气新鲜洁净，最有效、最经济的办法就是经常通风换气。

新装修的房子有味道

房子的装修材料中含有甲醛等刺激性化学物质。甲醛是一种无色、有强烈刺激性气味的气体，易溶于水、醇和醚。甲醛在常温下是气态，通常以水溶液形式出现。新装修的房子之所以有甲醛，是因为甲醛价格低廉，用途广，家具的黏合剂、涂料、橡胶中都含有甲醛。

甲醛对健康危害主要有以下几个方面。

一、刺激作用

甲醛的主要危害表现为对皮肤黏膜的刺激作用。甲醛是原浆毒物质，能与蛋白质结合，高浓度吸入时会出现呼吸道严重的刺激和水肿、眼刺激、头痛。

二、致敏作用

皮肤直接接触甲醛可引起过敏性皮炎、色斑、坏死，吸入高浓度甲醛时可诱发支气管哮喘。

三、致突变作用

高浓度甲醛还是一种基因毒性物质。实验动物在实验室高浓度吸入的情况下，可引起鼻咽肿瘤。

夏季室内污染更严重

室内环境调查证明，与其他季节相比，夏季室内空气污染指标会高出 20％左右。

造成这种情况首先是由于高温改变了人们的生活习惯。在高温季节，人们普遍会减少室外活动，由于空调设备的普遍使用，室内的空气往往成为一个密闭系统，缺乏通风换气的环境，使得室内空气污染物明显增加。

而夏季受热度和湿度的影响，室内有毒有害气体释放量也会增加。日本室内环境专家研究证明，室内温度在 30 摄氏度时，室内有毒有害气体释放量最高。比如，甲醛的沸点是 19 摄氏度，随着夏天的到来，甲醛的挥发量会明显升高。这就是为什么很多冬天装修的房子，刚装修好时甲醛检测没有超标，而到了夏天入住时反而超标的原因。另外，夏季室内化学物品、塑料制品、卫生间和厨房产生的气味污染也比较突出，这些气味不一定都是有害的，但人们长时间待在有异味的环境中，会感到难受，有可能引发呕吐、头疼等问题，甚至诱发各种慢性病。

医学研究表明，气温高的时候，人体的血管扩张，血液的黏稠度增加，人体本身的抵抗能力会下降，再加上室内空气中各种化学性污染物质的侵害，更容易对人体造成伤害，患有心血管病的人容易加剧病症。可以说，在高温的"蒸烤"下，夏季室内空气污染更加严重，而人们的生活习惯和对室内污染的认识误区，更可能加重这种污染的后果。

夏天，人们普遍喜欢待在空调房里躲避酷暑。然而，空调在给人们带来舒适的同时，也可能让人们付出健康的代价。据中国疾病预防控制中心称，在室内空气的污染源中，来自空调系统的就占了42%以上。

不久前，北京一座高层写字楼在检查中央空调时，从风管内清理出了2吨多的污染物。由于空调运行时温度和湿度适中，中央空调末端的风机盘管和风管成为细菌滋生的温床。随着中央空调的运行，这些主要由冠状病毒、支原体、衣原体、嗜肺军团菌等组成的菌团，便会被散布到整座建筑物的室内。值得注意的是，这些细菌都是人类的健康杀手。其中嗜肺军团菌的致死率在5%至30%之间，目前还没有预防军团菌感染的疫苗。

家用空调的卫生情况同样令人担忧。据国家统计局公布的2006年统计数据显示，我国已成为世界上空调用户最多的国家，全国每百户家庭空调拥有量已达到87.8%。分体式空调过滤网与散热片的细菌与霉菌污染明显高于中央空调，家用空调散热片上的菌落数，最高超过国家制定的中央空调标准的10000倍。上海十几家医院皮肤科一项临床调查发现，因家用空调污染引起皮肤过敏、呼吸道疾病的患者，竟占总数的1/2左右。

与中央空调和家用空调相比，汽车空调的卫生情况更容易被忽视。许多私家车车主和出租汽车司机没有清洗过汽车空调，有人甚至不知道汽车空调需要清洗。而事实上，汽车空间狭小，密闭性能非常好，又经常在路上跑，更容易遭受污染。

缓解室内污染的重要手段是通风，这种手段简单但有效。

针对夏季高温导致室内空气污染加重的现象，除了根据不同的污染源有针对性地采取不同治理措施外，专家还建议采取一个简单而有效的方式，那就是加强室内通风。

中国室内环境监测委员会主任宋广生说："通风换气是最经济也是最有效的方法，一方面它有利于室内污染物的排放，另一方面可以使装修材料中的有毒气体尽早释放出来。"

值得注意的是，开窗通风并不是整天门窗洞开。在工业比较集中的城市，昼夜有两个污染高峰和两个相对清洁的低谷。两个污染高峰一般在日出前后和傍晚，两个相对清洁时段是上午 10 时和下午 3 时前后。另外，不同的天气，空气质量也会不同，雨雪天污染物得到清洗，潮湿天气污染物易扩散，这两种天气情况下，空气质量较高。研究表明，在无风、室内外温度差为 20 摄氏度的情况下，大约十几分钟就可达到空气交换一遍。若室内外温差小，交换时间相应要延长。因此，每天开窗通风的时间和次数，应根据住房大小、人口多少、起居习惯、室内污染程度以及天气情况进行合理安排。

天然空气清新剂对室内空气有好处

空气清新剂，可能没有几个家庭没用过，不管是喷雾型的还是小铁盒的，不管是一两元一个的还是十几元一瓶的，很多人都习惯把它作为消除家里异味或者清新空气的主要帮手，尤其是在很多家庭的卫生间里，空气清新剂、芳香剂等更是成了"常住居民"。但在空气清新剂的使用上，可能很多人都有个错觉，觉得只要一用空气清新剂，家里的空气就干净了，其实不然。空气清新剂大多是化学合成制剂，并不能净化空气，它只是通过散发香气混淆人的嗅觉来"淡化"异味，并不能清除有异味的气体。还有一些空气清新剂，因为产品质量的低劣，本身还会成为空气污染源。如果清新剂含有杂质成分（如甲醇等），散发到空气中对人体健康的危害更大。这些物质还会引起人呼吸系统和神经系统中毒和急性不良反应，产生头痛、头晕、喉头发痒、眼睛刺痛等。而一些卫生香或熏香，点燃后所产生的烟雾微粒也会造成家里空气的二次污染。

所以，要想让家里保持空气清新，常开窗通风是最好的办法。

如果家里遇到必须使用空气清新剂的情况，则不要在婴幼儿、哮喘病人、过敏体质者在家时使用。对于厕所的除臭，也不要过分依赖空气清新剂，只要保证勤打扫，应该能把空气清新剂"请"出家门。

和超市里各种各样的空气清新剂相比，其实还有很多天然的"空气清新剂"在农贸市场就能买到。比如，在卧室里放一个橘子，它清新的气味，能够刺激神经系统的兴奋性，让人神清气爽，也能清除污浊的空气，净化室内的环境。

从中医的角度来说，橘子具有的芳香味，又可以化湿、醒脾、避秽、开窍。橘子除了具有醒脑开窍作用外，当感觉乏力、胃肠饱胀，不想吃东西时，适当闻闻橘子的清香，还可以缓解不适。橘子芳香的气味，能够使人镇静安神；而橘子柔和的色彩，会给人温暖的感觉，所以说把橘子放在床头，还有利于促进睡眠。此外，陈皮、薄荷等具有芳香昧的药材也可以当作天然的香味剂。

石材的放射性

石材，有一段时期与"放射性、辐射"常常联系在一起，让许多想用石材的人因为"石材放射性"望而却步，已使用石材的人更是如坐针毡。其实任何装饰材料都有天然放射性，只有超过标准才有危害。

自然界中任何物质都含有天然放射性元素，只不过不同物质中的放射性元素含量不同。我们周围环境中的土壤、水甚至空气中都有放射性元素，非石材的建筑装饰材料如水泥、钢材、砖、通体砖等和石材一样均含有放射性元素。就拿通体砖来说，它是由黏土加其他材料烧制而成，黏土是由岩石风化形成，黏土和石材一样都是天然形成，如果黏土中的放射性元素比较高，那由其烧成的通体砖放射性元素含量也相应会高，因此认为只有石材才有放射性，其他材料不含有放射性的看法是不正确的。卫生部也早已发布了"建筑材料卫生防护标准"，对建筑材料中的天然放射性元素的活度进行了限制规定，以确保使用安全。

目前有 80％的石材可以放心在室内使用，放射性含量极低的石材还能屏蔽其他材料的辐射。

早在 1993 年国家建材局发布了《天然石材产品放射防护分类控制标准》，对天然石材根据放射性水平的高低进行了

分类，将天然石材分为 A、B、C 三类，A 类产品可在任何
场合中使用，B 类产品可以用在除居室内饰面以外的一切建
筑物的内外饰面和工业设施，C 类标准的石材只可作为建筑
物外饰面。80％的石材样品属于可以在任何场合使用的 A 类
石材。其中还有一部分石材的放射性含量极低，甚至比一般
的水泥地面、砖的放射性含量还低，在室内使用这种石材，
可以起到屏蔽作用，使室内总辐射降低，具有环保作用。

由于有些人缺乏放射性方面的知识，形成了一些片面的
认识，如现在有人认为浅色石材比深色石材放射性低，其实
这并不是绝对的，有许多深色石材（如红色）的放射性水平
都不高于 A 类规定的标准，比一些浅色石材还低。

净化居室花卉植物的知识

居室空气污染物可分成三类：物理性污染物，主要是指
空气中颗粒物，或者说粉尘；化学性污染物，即空气中的毒
害化学物质；生物性污染物，即空气中的芽孢杆菌属、无色
杆菌属、八叠球菌属及一些放线菌、酵母菌和真菌等微生
物，以及某些病原微生物经空气传播形成的病原体。

花卉植物都有滞尘作用，即净化物理性污染物的功能。
而空气中的病原体一般都附着在尘埃或飞沫上随气流移动，
所以花卉植物的滞尘作用可以减少病原体在空气中的传播范
围，并且植物的分泌物具有杀菌作用，因此花卉植物可以减
轻生物性的空气污染。此外，花卉植物可以吸收空气中的化

合物或毒害性化学物质，即对其进行净化。

一、花卉植物净化居室空气中物理性污染物——颗粒物的原理

居室内的花卉植物对空气中的烟尘、颗粒物有很大的阻挡、过滤和吸附作用，主要表现在两个方面。

（1）当室内空气流动而成风时，花卉植物具有降低室内风速的作用，随着风速的降低，空气中滞留的烟尘、较大的颗粒物降落到花卉植物的叶片或地板上。

（2）不同花卉植物叶子表面的结构不同，有的植物叶面粗糙多绒毛，有的植物叶片还能分泌黏性油脂及汁液，空气中的颗粒物经此叶片时，便被附着于叶面及枝叶上。所以植物可吸收大量飘尘。

正因为如此，花卉植物被称为天然的空气过滤器。无论以哪种方法吸附大量尘埃的植物，经水滴喷洒冲洗后，又能恢复其吸附颗粒物的能力。由于植物的叶子表面积通常为植物本身占地面积的 20 倍以上，因而植物的滞尘能力是很强的，从这种意义上讲，花卉植物好像是空气的天然过滤器。

二、花卉植物净化居室空气中化学性污染物的原理

众所周知，室内空气质量直接关系到人们的身体健康。特别是密封性较好的住宅，换气率低，加上装修，甲醛和溶剂污染较重，已构成对人类健康的威胁。美国宇航局为开发生活环境系统专门开展了室内空气污染研究。通过对多种生物功能的研究，断定室内观叶植物的净化能力最强。

室内观叶植物的叶面气孔可强烈吸收空气中的甲醛。据研究，发现呼吸率高的植物，对甲醛的吸收率也高。另外，光线越充足，对甲醛的吸收率也越高。在植物叶片进行光合

作用的过程中，估计甲醛也在被吸收和分解。此外，甲醛浓度升高时，被吸收率也将成比例提高。许多研究人员都认为，改善室内空气环境的现行方法均有各自的局限性，最好的方式应该是利用植物的净化能力将空气中的气态污染物分解成无害物质。

植物可以通过多种途径净化化学性空气污染物。植物净化化学性空气污染物的主要过程是持留和去除。持留过程涉及植物截、获、吸附、滞留等，去除过程包括植物吸收、降解、转化、同化等。植物对于空气中污染物的吸附与吸收主要发生在植物地面上部分茎枝的表面及叶片的气孔。在很大程度上，吸附是一种物理过程，其与植物表面的结构，如叶片形态粗糙程度、叶片着生角度和表面的分泌物有关。已有实验证明，植物表面可以吸附亲脂性的有机污染物，其中包括多氯联苯（PCBs）和多环芳香烃（PHAs），其吸附效率取决于污染物的辛醇—水分配系数。植物可以吸收空气中的多种化学物质，包括 CO_2、SO_2、Cl_2、HF、重金属（Pb）等。植物吸收空气中的污染物主要是通过气孔，并经由植物维管系统进行运输和分布。对于可溶性的污染物包括 SO_2、Cl_2 和 HF 等，随着空气污染物在水中溶解性的增加，植物对其吸收的速率也会相应增加。湿润的植物表面可以显著增加对水溶性污染物的吸收。光照条件可以显著影响植物的生理活动，尤其是控制叶片气孔的开闭，因而对植物吸收污染物有较大的影响。由此可知，应常向室内植物叶面喷洒水分，并尽可能置于光照充足的位置。

三、花卉植物净化居室空气中生物性污染物的原理

居室空气中颗粒物上附有不少细菌，就是平时所说的生

物污染物，其中有不少是对人体有害的病菌。城市住宅居室空气中通常存在杆菌 37 种、球菌 26 种、丝状菌 20 种、芽生菌 7 种，另外还有多种病菌。由于绿色植物的减尘作用，就减少了居室空气中的细菌含量。另据报道，将一些杀菌能力强的木本植物如紫薇、白皮松等的叶子粉碎后能在几分钟内杀死原生动物。洋葱、大蒜的碎糊能杀死葡萄球菌、链球菌和其他细菌。珍珠梅挥发出的杀菌素对金黄色葡萄球菌、绿脓杆菌的杀菌率达 100％，对致病力最强的牛型结核杆菌和一些土壤型抗酸结核杆菌都有很强的杀菌作用，且效果稳定。稠李分泌的杀菌素能杀死白喉、肺结核、霍乱和痢疾的病原菌，0.1 克磨碎的稠李冬芽甚至能在 1 秒钟内杀死苍蝇。药理学家、毒理学家早就知道百里香油、丁香粉、天竺葵油、柠檬油等的杀菌作用。

四、花卉植物对维持居室空气中氧气和二氧化碳平衡的重要作用

人们在室内，特别是密封性较好的居室，或空调房间内逗留时间长了后，空气中的二氧化碳浓度会随之增加。二氧化碳虽然是无毒气体，但当空气中的二氧化碳浓度超过0.07％时，人的呼吸已感不适；当含量超过 0.2％时，对人体开始有害；达到 0.4％时，使人感到头疼、耳鸣、昏迷、呕吐；增加到 1％以上时就能致人死亡。

二氧化碳是植物光合作用的主要原料。植物在进行光合作用时吸收二氧化碳放出氧气，又通过呼吸作用吸收氧气排放出二氧化碳。由于光合作用吸收的二氧化碳要比呼吸作用排出的二氧化碳多 20 倍，因此，总的结果是消耗了空气中的二氧化碳，增加了空气中的氧气；而成年人在进行呼吸时，

呼出的二氧化碳为吸入氧气的 1.2 倍，是消耗了空气中的氧气，增加了空气中的二氧化碳。这就告诉人们，在居室栽植几盆花卉植物，特别是密封性好的房间或空调房间，就可以不断补充空气中的氧气，从而维持室内氧气和二氧化碳的平衡。

花卉植物净化居室强者前六名

一、吊兰

吊兰又称垂盆草、桂兰、钩兰、折鹤兰，西欧又叫蜘蛛草或飞机草，为百合科吊兰属的一种多年生常绿观叶植物，它的茎叶似兰，四季常青。总状花序，白花，花小，几朵成一簇。花期一般在春夏间 6 月至 8 月。常见的品种有金边吊兰、银心吊兰、宽叶吊兰等。

吊兰养殖容易，适应性强，是传统的居室垂挂植物之一。它叶片细长柔软，从叶腋中抽出小植株，由盆沿向下垂，舒展散垂，似花朵，四季常绿。

一盆吊兰在 8 至 10 平方米的房间内就相当于一台空气净化器。吊兰能在微弱的光线下进行光合作用。一般在房间内栽养 1 到 2 盆吊兰，能在 24 小时释放出氧气，同时能有效吸收空气中的甲醛、苯乙烯、一氧化碳和二氧化碳等有毒有害化学物质。在 24 小时照明条件下，能清除房间里 80% 的气状有害物质，能消除 1 立方米空气中 96% 的一氧化碳和 86% 的甲醛；能将火炉、电器、塑料制品散发的一氧化碳、过氧化氮吸收殆尽。所以吊兰又有"绿色净化器"之美称。

美国空间净化系统实验研究表明，在充满甲醛的密闭房间内，吊兰在 6 小时内可使甲醛减少 50% 左右，24 小时后减少 90%。吊兰在代谢过程中，还能将甲醛转化成糖或氨基酸类的天然物质。吊兰还能分解苯，吸收香烟烟雾中的尼古丁等比较稳定的有害物质，将它们转化为无害物质。

可以将吊兰以盆栽或悬吊的方式置于房间的窗台、阳台来美化居室，也可以放在卧室、客厅、书房起净化空气的作用。值得注意的是，吊兰若养护不当，容易引起烂叶，所以不宜过分靠近餐桌和床铺，以免引起不必要的二次污染。

二、虎尾兰

虎尾兰又称虎皮兰、千岁兰、虎尾掌、锦兰等，为龙舌半科，虎尾兰属多年生草本观赏植物。总状花序，花白色或淡绿色。栽培种类较多，主要有金边虎尾兰、圆叶虎尾兰、柱叶虎尾兰。为常见的家庭盆栽品种，耐干旱，喜阳光温暖，也耐阴，忌涝。

虎尾兰堪称居室的"治污能手"。虎尾兰对空气净化能力较强，同样具有很强的吸收甲醛、硫化氢、三氯乙烯、苯等有害气体的功能，吸收后，能通过新陈代谢，把有毒物质转化分解。据资料记载，约 15 平方米的房间内，放置两盆中型虎尾兰，就能有效地吸收甲醛所释放的毒害。一盆虎尾兰可吸收掉 10 平方米左右房间内 80% 以上的多种有害气体，两盆虎尾兰可使一般居室内空气完全净化。虎尾兰白天还可以释放出大量的氧气。因此，虎尾兰可作为居家净化空气的首选品种之一，尤其适合新装修或者是新安装家具的房间。

虎尾兰叶形耸直如剑，叶面斑纹如虎尾，清秀别致。春夏开花，由白色小花组成的柱状花茎，清香扑鼻。特别是虎尾兰配上白色花盆时，深绿的叶面，金色的叶边加上白色线条流畅简洁的花盆，这种形、色、质的组合颇具现代感，是窗台、茶几、书桌上摆设的佳品，可供较长时间欣赏。但要注意不要长时间将虎尾兰放在阴暗处，更不要从阴暗处一下子移到直射的阳光下，那会灼伤虎尾兰叶面。

三、芦荟

芦荟又名油葱、草芦荟、龙角、狼牙掌，为百合科芦荟属。芦荟是多年生常绿多肉质草本植物。花呈橘黄色、黄色或具有赤色斑点，果实是蒴果。芦荟属植物约有 270 种，也有说 800 种。常见的有库拉索芦荟、木立芦荟、中国芦荟。

盆栽植物芦荟有"空气净化专家"的美誉。一盆芦荟就等于九台生物空气清洁器，可吸收甲醛、二氧化碳、二氧化硫、一氧化碳等有害物质，尤其对甲醛的吸收能力特别强。花谚说："吊兰芦荟是强手，甲醛吓得躲着走。"在 4 小时光照条件下，芦荟可消除 1 立方米空气中所含的 90% 的甲醛，还能吸收三氯乙烯、硫化氢、苯、苯酚、氟化氢和乙醚等有害物质，并能将这些有害物质分解为无害物质。另外，芦荟还能杀灭空气中的有毒有害微生物，并能吸附灰尘，对净化居室环境有很好的作用。当室内有害气体浓度过高时，芦荟的叶片上就会出现斑点。这就是"求救信号"，这时，再增加几盆芦荟，室内空气质量会趋于正常。

可以选择一些小巧别致的花盆盆栽芦荟，放在光线明亮但没有强烈的直射阳光的地方，最好是放在客厅、书房等最经常活动的空间里。浓浓的绿色、芦荟叶片有力的线条感一定能给居家主人赏心悦目的感觉。

四、常春藤

常春藤也叫长春藤、土鼓藤、钻天风、三角风、爬墙虎、散骨风、枫荷梨藤，又名中华常春藤，为五加科。常春藤属多年生常绿攀缘藤本观叶植物。

据研究证明，常春藤是目前吸收甲醛最有效的室内植物，每平方米的常春藤叶片可吸收甲醛 1.48 毫克，而两盆成年的常春藤的叶片总面积大约有 0.78 平方米。在 24 小时照明条件下，常春藤可清除 1 立方米空气中所含有的 90％的甲醛，即能超强除甲醛。能分解两种有害物质，即存在于地毯、绝缘材料、胶合板中的甲醛和隐匿于壁纸中对肾脏有害的二甲苯。另外，一盆常春藤在 24 小时光照条件下，还能清除 8 到 l0 平方米房间内的 90％的苯，能对付从室外带回来的细菌和其他有害物质，甚至可以吸纳连吸尘器都难以吸收的灰尘。还对室内的硫化氢、三氯乙烯等有害气体有很强的清除能力，还能清除尼古丁中的致癌物质，并将它们转化、吸收和利用。

常春藤因其枝叶翠绿光亮，并有许多花叶品种，茎蔓细柔俯垂，可做盆栽或吊或立，装饰居室。而且常春藤较耐寒，在室内过冬没问题。

同时常春藤茎上有许多气生根，容易吸附在岩石、墙壁和树干上生长，可做攀附或悬挂栽培，是室内外垂直绿化的理想材料。作为室内喜阴观叶植物盆栽，可长期在明亮的房间内栽培。在阴暗的房间，只要补以灯光，也能很好生长。室内绿化装饰时，做悬垂装饰，放在高脚花架、书柜顶部，给人以自然洒脱之美感；也可小盆栽植，放在茶几、书桌上，显得清秀雅典；还可作为柱状攀缘栽植，富有立体感。

五、龙舌兰

龙舌兰又名龙舌掌、世纪树、番麻，为龙舌兰科。龙舌兰属多年生常绿肉质植物。常见栽培种有金边龙舌兰、金心龙舌兰、银边龙舌兰和狭叶龙舌兰等。

龙舌兰是室内清除甲醛和苯类物质的专家，甚至同绿萝、吊兰等"环保行家"比起来也毫不逊色。在10平方米左右的房间内，一盆龙舌兰可清除50％的甲醛、70％的苯和24％的三氯乙烯，可将这些有害物质转化为无害物质吸收利用。

选择植株适中的龙舌兰，用一些粗泥或者粗陶质地、色彩鲜艳的花盆栽种，随意放在家中，既可增添异域风情，又能有效降低地板、家具内含的甲醛、苯类物质，一举两得，轻松简单。

六、月季

月季又名长春花、月月红、月月开、丹丹红、四季蔷薇、斗雪红、瘦客等，为蔷薇科蔷薇属，是常绿矮小直立灌木，或呈蔓性或攀缘状。花形与瓣数因品种而异，色彩丰富，花色红、粉红、浅黄、黄、白、绿、紫以及复色斑点等。花期长，可连续开花，主要花期为5月至10月。在世界上被誉为花中皇后，经过200多年创造了2万多个园艺品种。这些品种归纳起来分为中国月季、微型月季、十姊妹月季、多花月季、特大型月季、单花大型月季和藤本月季等。

月季喜光照及排水良好、肥沃、疏松、微酸性土壤，较耐寒，温度低于5摄氏度进入休眠状态。应置于阳光充足的地方，在天气炎热的夏季，应及时补水，冬季休眠要严格控水。北方地区月季应在室内或地窖中越冬。

月季含有挥发性油类，均具有显著的杀菌功能，还可吸收家中电器、塑料制品等散发的有害气体，可有效清除居室内的氯化氢、三氯乙烯、硫化氢、苯、苯酚、氟化氢和乙醚等。月季花香味浓郁，还可消除室内的异味。

月季的应用非常广泛，可种于花坛、花境、草坪角隅等处，也可布置成月季园。藤本月季用于花架、花墙、花篱、花门等。月季可盆栽观赏，又是重要切花材料。

花卉植物清除甲醛的高手

2006年《老年文摘报》曾刊载专家们评选出来清除居室甲醛植物高手，常有下述几种：

一、扶郎花

扶郎花又名非洲菊、大丁草，为菊科大丁草属，多年生草本花卉。花色有红、黄、橙、玫红、白、橙黄、橙红及双色等，环境适宜可终年开花。

扶郎花是我国著名的切花品种，也是常用的盆栽品种，是室内清除甲醛的好手。通过新陈代谢能把致癌的甲醛转化成天然的物质，也能吸收复印机和打印机排放出来的苯，并将其分解为无害物质。扶郎花除用于清除甲醛外，还具有很强的观赏性。

二、净清香草

净清香草也叫净清一号，是多年生常绿木本植物，天竺葵属。该植物为喜光植物，养护简单，在正确的养护方法下，生长期可长达 15 至 18 年。该植物是由中国科学院遗传与发育生物学研究所于 1994 年从澳大利亚引进，利用两种植物进行细胞融合技术，经过长期适应性栽培、系统筛选和鉴定，具有较强的吸收有害气体的功能。2005 年经中国室内装饰协会室内环境监测中心的检测，在 24 小时内对甲醛、苯、氨、TVOC（所有室内有机气态物质）的吸收率分别高达 89％、56％、69％、71％。该植物在呼吸作用下可以大量释放出香茅醛，是一种无毒、无害可以保护呼吸道黏膜、肺等呼吸系统的芳香气体，具有提神醒脑功能，是一种保健型植物。每年 1 月到 6 月盛开紫红色小花，集观赏和净化功能于一体。

净清香草的叶片在解剖镜下观察，呼吸气孔大而多，呼吸能量很强。与室内环境治理的化工产品相比，具有真绿色、纯环保的特点，且清除有害气体甲醛的功效更持久且不间断。

三、绿萝

绿萝也叫黄金葛，为天南星科，绿萝属常绿藤本，为攀藤观叶花卉。

绿萝叶面积大，蒸发量也大，可增加室内空气湿度。吸收有害物质的能力也很强，可以帮助不常开窗通风的房间改善空气质量。经试验，每平方米绿萝叶面积在 24 小时内可清除 0.59 毫克的甲醛，所以是吸收甲醛的高手。还可以清除 2.48 毫克的氨气，其功能不亚于常春藤和吊兰。

绿萝还具有很高的观赏价值。绿萝是非常优良的室内装饰花卉植物之一。萝茎细软，叶片娇秀。在家具的柜顶上高置套盆，任其蔓茎从容下垂，或在蔓茎垂吊过长后圈吊成圆环，宛如翠色浮雕。这样既净化空气，又充分利用了空间，为呆板的柜面增添了线条活泼、色彩明快的绿饰，极富生机，给居室平添融融情趣。

四、秋海棠

秋海棠又名八月春、相思草、断肠花，属秋海棠科，秋海棠属，为多年生草本花木。秋海棠花淡红色，聚伞花序，腋生，蒴果有翅。8月至9月开花。

秋海棠花色艳丽，花形多姿，叶色娇嫩柔媚、苍翠欲滴。它不仅是吸收甲醛的好手，而且花、叶、茎、根均可入药。

五、鸭跖草

鸭跖草属常绿植物，生长强健，茎叶光滑，茎基部分枝匍匐，上部分枝向上斜生，常在节处生根。叶片披针形至卵状披针形，花色为深蓝。

鸭跖草不仅是吸收甲醛的好手，而且是良好的室内观赏植物，可布置窗台几架，也可放于荫蔽处。同时，植株可入药，具有清热泻火、解毒的功效，还可用于咽喉肿痛、毒蛇咬伤等治疗。

六、兰花

兰花又名中国兰花、兰草、芝兰等，为兰科兰属多年生草本花卉。兰属植物有40至50种，我国有20多种。

兰花主要是室内栽培欣赏，香气淡雅，可消除室内异味，能吸收室内有害气体甲醛；还是天然除尘器，其纤毛能吸滞室内空气中飘浮的微粒和烟尘。

七、龟背竹

龟背竹又名蓬莱蕉、电线兰，为天南星科龟背竹属，半蔓性多年生常绿草本植物。内穗花序白色，长 20 至 25 厘米，花期 4 到 6 个月，浆果有菠萝香味可食用。

龟背竹叶形奇特，观赏性强，为优秀的室内盆栽观叶植物。龟背竹净化空气的功能略微弱一点，它不像吊兰、芦荟是净化空气的多面手，但龟背竹仍然能吸收室内有害气体，尤其对吸收甲醛的效果比较明显，还能吸收二氧化硫等，可有效减少室内空气中的化学污染。龟背竹在光合作用时，吸收二氧化碳的能力也比其他植物强得多，而且具有晚间吸收二氧化碳的特性，对改善室内空气质量，提高含氧量很有帮助。加上龟背竹一般植株较大，造型优雅，叶片又比较疏朗美观，所以是一种非常理想的室内观赏植物。

龟背竹在欧美、日本常用于盆栽观赏，点缀客室和窗台，较为普遍。南美国家如巴西、阿根廷和美洲中部的墨西哥除盆栽以外，常种在廊架或建筑物旁，让龟背竹蔓生于棚架或贴生于墙壁，成为极好的垂直绿化材料，同时龟背竹也是很好的切叶配材，可用于插花作品中。

龟背竹因其植株优美，叶片形状奇特，且富有光泽，整株观赏效果较好。常以中小盆种植，置于室内客厅、卧室和书房的一隅；也可以大盆栽培，置于宾馆、饭店大厅及室内花园的水池边和大树下，颇具热带风情。

八、一叶兰

一叶兰为百合科蜘蛛抱蛋属，多年生常绿观叶植物。花紧贴地面，好似一只抱着蛋的蜘蛛，故又名蜘蛛抱蛋。花期 4 到 5 月。

一叶兰叶片宽大，蒸发量较高，可有效增加室内空气湿度。一叶兰可吸收室内多种有害气体，如甲醛、苯、二氧化碳、氟化氢等，还可吸滞尘埃，可谓是天然的清道夫，居室中很好的净化植物。

一叶兰主要放在室内做观叶欣赏。因为一叶兰比较耐阴，所以可置于光线较暗的地方，如卧室、客厅边角，有很好的观赏价值。一叶兰较多地用在会议及聚会场所，对空气净化和美化环境有很好的作用。

九、合果芋

合果芋又名箭叶芋，为天南星科合果芋属常见观叶植物，如常见品种有白蝶合果芋、粉蝶合果芋、银叶合果芋等。

合果芋类为优秀的小盆栽，在居家栽培应用较多。合果芋蒸腾作用强，能保持空气湿润。并能吸收室内大量的甲醛和氨气。因此，合果芋具有净化空气和保湿的双重功效。

另外，尚有金绿萝、无花观赏桦、耳蕨、铁树能吸收室内有害气体甲醛，其中耳蕨、铁树还能分解地毯、绝缘材料、胶合板中隐匿的甲醛。

净化二氧化硫的花卉植物

能有效清除室内有害气体二氧化硫的花卉植物除上述已介绍过的吊兰、月季、鸭跖草、芦荟 4 种外，尚有下述诸种花卉植物。

一、木槿花

木槿花因其早上开放，晚上闭落，每花开放一日，故又名朝开暮落花；又因农村常做篱墙栽培，故又名篱障花。木槿花为锦葵科木槿属灌木，高约 2 至 5 米，花有单瓣及重瓣两种，花色有白、红、紫、玫瑰等色。花期 6 月至 9 月，从仲夏一直开到秋末冬初，煞是惹人喜爱。

木槿花的解毒能力较强，被称为"天然解毒剂"。有关专家曾对 9 种抗污能力较强的植物叶片分析研究结果显示，木槿花叶片中含氯量及黏附在叶片上的氯量最多。另外，木槿花对二氧化硫的抗性极强，还可抗烟尘、氮氧化物、酸雾等，能净化氯气、氧化氢、氯化锌等有害气体，有较强的滞尘能力，可有效净化室内的尘埃，是绿化居室的优良花卉。

二、夹竹桃

夹竹桃又名柳桃、柳叶桃、红花夹竹桃、笔桃、半年红，为夹竹桃科，夹竹桃属。夹竹桃盆栽的一般控制高度为 60 至 120 厘米，为常绿灌木，含水液，无毛。叶似竹，花似桃。花色有桃红、粉红、白或黄，常见的以桃红色为最多，微有香气。花期 5 至 10 月，在南方可达 10 个月左右。

夹竹桃叶形优美，为北方家庭常见栽培树种。夹竹桃能抵御二氧化硫、氯气等有害气体的侵害，叶片具有极强的吸附能力。据测试每片叶片每月能吸收二氧化硫形式的硫 69 毫克，叶片能吸滞灰尘 5 克/平方米，干叶吸收汞 96 毫克/千克，在氯气扩散处能照常生长。因此，夹竹桃有"抗污染的绿色冠军"和"自然的吸尘器"之称，是净化室内空气的理想树种。

夹竹桃的气体挥发物有一定的保健和杀菌作用。但夹竹桃含欧夹竹桃甙，成人食用鲜夹竹桃叶 8 至 10 片或干叶 2 到 3 克即可中毒。居室栽培养殖千万注意，特别有孩子的家庭不要误食。

三、山茶花

山茶花又名茶花、耐冬、山茶，为山茶科，山茶属。山茶花是常绿灌木或小乔木。花色主要有白、粉红、玫瑰红及嵌合斑等不同花色，花期从 10 月至翌年 4 月。蒴果圆形，秋末成熟，但多数重瓣花不能结果。山茶花产于山东、浙江、江西及四川，日本、朝鲜也有分布。山茶花的露地栽培以浙江、福建、四川、湖南、江西、安徽、台湾、广东、广西及云南等省区较多。

山茶花的树形、枝、叶及花朵都很美丽，是常绿名贵花木，为我国十大名花之一。能吸收二氧化硫、氯气、氟化氢、硫化氢、氮气等有害气体，有较强的抗烟尘及其他有害气体的能力，是优良的观赏兼环保花木。

山茶花色、香、姿均佳，可以丛植或者散植于庭院中，也可以栽于草坪及树林边。居家种植时，应在温暖通风处，避免过冷过热。待其开花时须移入室内，是点缀早春时节家庭环境的名花。

四、石竹

石竹又名中华石竹、洛阳花、瞿麦，为石竹科，石竹属，宿根草木花卉，多年生，1 至 2 年栽培。高约 30 厘米，茎叶簇生。花色为鲜红、白色、粉红、紫色或复色等，单瓣或重瓣，略具香味。花期 5 至 8 月。常见的栽培同属植物有苞石竹、锦团石竹、常夏石竹等。同类变种有：小花石竹、大花复瓣石竹、大花单瓣石竹、三才石竹等。

石竹适应性强，极适合盆栽，花色丰富，为优良的盆栽品种，对居室空气中的二氧化硫、氯化物等有害气体的吸收能力较强，可将它们转化为无毒性或低毒性的盐类。

五、紫薇

紫薇又名痒痒树、百日红、痒痒花、海棠树，为千屈莱科，紫薇属。是落叶灌木或小乔木。花色繁多，有鲜红、粉红、紫色或白色等；花瓣近圆形，边缘有不规则缺刻，基部长爪，因各地气候不同，花期有差异，一般为 7 到 9 月。同属常见的有大花紫薇、浙江紫薇和南紫薇等。栽培变种有银薇，花白色；翠薇，花蓝紫色。

紫薇花色繁多、艳丽，树姿优美，枝干屈曲，又于夏秋少花季节开花，且花期长，为优秀的盆栽花卉。紫薇对居室空气中的有害气体二氧化硫、硫化氢、氯气和氟化氢具有极强的抗性和较强的吸收能力；产生的挥发性油类具有显著的杀菌作用。

六、黄杨

黄杨又名小叶黄杨、黄杨木、瓜子黄杨等。为黄杨科，黄杨属。是常绿灌木或小乔木。花期 4 到 5 月，花色黄绿。同属常见的有雀舌黄杨、珍珠黄杨等。

黄杨四季常青，它的叶片表面细胞有较厚的角质层，专家曾对 22 种植物调查，黄杨对二氧化硫、氯、硫化氢等有毒有害气体有很强的抗性，还有吸收其他毒气、净化空气的本领，被称为"常绿净化器"。另外，黄杨对汞的吸收能力最强。

除上述花卉植物外，尚有紫罗兰、米兰、石榴花、紫藤、美人蕉、水仙、蜀葵、丁香、棕榈、广玉兰、海棠、木芙蓉、百合、杨梅、合欢、蜡梅、天竺葵、枸骨、爬山虎、牵牛花、香豌豆等花卉植物能有效清除居室中的有害气体二氧化硫。

净化氮氧化物和二氧化碳的花卉植物

一、能有效净化居室氮氧化物的花卉植物

（1）鸡冠花

鸡冠花又名鸡冠、鸡公花、红鸡冠、红鸡花、黄鸡冠花、老来红、鸡冠头，为苋科青葙属，是一年生草本花卉。鸡冠花无花瓣，萼片膜质美丽，常为红色、白色、黄色、橙色、玫瑰紫色、红黄相杂（五彩鸡冠）等，花期7到10月。其中矮生种观赏价值更大。鸡冠花变种及品种繁多，如圆绒鸡冠、凤尾鸡冠等。

鸡冠花能吸收铀等放射性元素，还能将室内氮氧化物转化为植物细胞所需的蛋白等。

（2）菊花

菊花又名鞠、寿客、傅延年、黄华、秋菊、甘菊，为菊科菊属，是多年生宿根草本花卉。我国传统品种，十大名花之一。菊花为舌状，花有白色、红色、紫色或黄色，花形丰富，花色多样，花期9至11月。

菊花能将氮氧化物（包括二氧化氮）转化为植物细胞的蛋白质等，还对苯有一定的吸收作用。能抵御和吸收家用电器、塑料制品散发在空气中的乙烯、汞、铅等有害气体，而且对二氧化硫、氯化氢、氟化氢等有很强的抗性。

菊花的观赏价值极高，是美化城市和居室的优良花卉。菊花药用价值也很高，花以及叶、根、茎、果都可以入药，泡水服用能去湿、拔毒、治头痛、眩晕等多种疾病。也可做清凉饮品，清热、解毒，以及作为食品蔬菜食用，对人体均有益处。

菊花为园林应用中的重要花卉之一，广泛用于花坛、地被、盆花和切花。在家中摆放或者送人时，请注意风俗禁忌，某些地区和国家认为菊花是纪念死者的花。

（3）大花美人蕉

大花美人蕉又名兰蕉、红艳蕉，为美人蕉科美人蕉属，球根花卉，多年生草本植物。花色有乳白、橘黄、粉红、紫红、大红、橙黄、米黄或具斑点等，自然花期6至10月；蒴果，种子黑色，果熟期8至11月。

大花美人蕉叶色浓绿，花姿优美，花大色艳，绿叶婆娑，十分美观，也是室内优良的盆栽观叶观花植物，蒸腾作用强，可有效增加室内空气湿度。大花美人蕉能对氮氧化合物、二氧化硫、甲醛、氮、氟等有害气体均有一定的抗性和吸收能力。

二、能有效净化居室内二氧化碳的植物

（1）凤梨

凤梨又名菠萝花，为凤梨科多年生草本植物。叶丛呈莲座状，叶筒可贮存水分。花茎从叶丛中抽出，花较小，苞片鲜艳，观赏价值高，苞片颜色有红、黄、橙、紫、浅绿、粉等色，凤梨花期长，一般一生只开一次花。

凤梨形态各异，观赏价值较高，是重要的年宵花卉之一。凤梨可净化室内空气，在10平方米的房间内，摆放两盆凤梨基本上能吸收一个人在夜间所排放的二氧化碳。

（2）仙人掌

仙人掌其实是仙人掌类植物的简称，它包括仙人球、仙人柱、仙人掌及叶仙人掌等 200 多属 2000 多个品种。仙人掌又名仙人扇、霸王树，为仙人掌科仙人掌属，肉质植物，花有红色、黄色等，花期 5 至 9 月。

　　由于长期适应干旱环境的结果，大多数仙人掌类的叶子已经完全退化消失了，只有少数较原始的种类还保存着叶子。在我国南方还可以看到一种长着叶子的仙人掌，呈灌木状，不开花时常被误认为是另一种不同科的植物——三角梅。这就是叶仙人掌，也叫木麒麟，是最原始化的仙人掌植物。另外，仙人掌类植物还具有其他植物没有的独特器官——刺座，这是仙人掌类植物区别于其他植物的最特别之处。

　　形态方面，有的品种小如鸟蛋，有的却大若高楼。松霞的直径不到 1 厘米，刺也仅有 1 毫米，是最小的品种。而一些柱形种类却可以长到十几米高，十多吨重。巨人柱可高达 12 米，摩天柱可达到 15 米，而阿根廷的冲天柱可高达 25 米。在墨西哥圣路易斯波托西州荒漠中，有一株鬼头已长了几百年了，高达 3 米，直径 1.3 米，估计重达 2000 千克，被当地土著视为神物。

　　仙人掌类植物还有一些彩色的品种，称为斑锦变异。最普遍的红色品种——绯牡丹通体是红色的。世界图、莺鸣锦、缩玉锦等通体是黄色的。有一些则是几种色彩间在一起的，还有一些体内没色素的，所以通体是白色的。

　　仙人掌类植物的花是非常美丽的。大花蛇鞭柱的花长达 18 至 30 厘米。花瓣白色，萼橙红色，人称"月下女王"。墨西哥的翼花蛇鞭柱花长 30 厘米，也有"月下女王"之称。而有"月下美人"之称的昙花，花的直径也在 15 厘米以上。

果实成熟后一般都是红色，仙人掌的每个茎片都能挂上十几个到几十个鸡蛋大小的果实，煞是好看，而且可以食用，味道甜美，营养丰富。

仙人掌等多浆多肉类植物，白天气孔关闭，晚上打开，吸收二氧化碳，放出氧气，可保持室内正常的含氧量，改善室内空气质量，使空气中的负离子含量增加。同时减少电磁辐射对人体带来的伤害，是减少电磁辐射的最佳植物。

要真正发挥仙人掌的阻击污染效力，还得将其摆放在正确位置。一般电脑的背面是电磁辐射严重的地方，所以不妨在那里多摆几盆。而在侧面可选择刺较少的品种，以免误伤自己。仙人掌这种带刺的植物，不能放在儿童房间，以免意外伤害。由于仙人掌具有夜间吸收二氧化碳、释放氧气的特性，摆放在卧室可以利于睡眠，不过要注意应放在不容易碰到的地方，尤其不要放在过道。

（3）仙人球

仙人球又名花盛球、草球，为仙人掌科仙人属，是多年生常绿肉质植物。夏季开花，花着生于球体侧方，大型喇叭状，白色，傍晚后开放，翌晨即凋谢。

仙人球的气孔白天关闭，晚上打开。吸收二氧化碳，并放出氧气，可改善室内空气质量，起到净化空气的作用。

最具魅力的仙人球当属金琥。金琥茎球状，球体深绿，密生黄色密刺，球顶部密生金黄色的棉毛；花黄色，顶生于棉毛丛中，形态美丽壮观。金琥原产墨西哥沙漠地区，现我国南方、北方均有引种栽培。金琥性喜阳光充足，多喜肥沃、透水性好的沙壤土。夏季高温炎热期应适当庇阴，以防球体被强光灼伤。

金琥是仙人球的一种，它是消除二氧化碳污染、消除电磁辐射和消除细菌污染的能手。特别是对付电磁辐射污染，它可是当仁不让的高手。

金琥寿命很长，栽培容易，成年后金琥花繁球状，金碧辉煌，观赏价值高。而且体积小，占据空间少，是城市家庭绿化十分理想的一种观赏植物。金琥可以放在电脑、电视机等电磁辐射较强的电子产品附近。不过也要记住，金琥的刺很坚硬，千万不要放在过道或者容易磕碰到人的地方，也不要放在儿童轻易接触到的地方。

此外，消除二氧化碳有害气体的花卉还有矮牵牛、杜鹃、扶桑、荷兰鸢尾、大丽花、水仙、蜀葵、芦荟、木香、君子兰、发财树、无花果、月季、一叶兰和橡皮树、吊兰、龟背竹、鸭跖草、紫苑、秋海棠、美人蕉、矢车菊、彩叶草等。

净化一氧化碳的花卉植物

前述吊兰，净化一氧化碳应该说是首屈一指的，据美国科学家威廉·霍维尔研究，在 24 小时照明条件下，能消除 1 立方米空气中 96％的一氧化碳。另外，尚有：

一、石榴花

石榴花又名安石榴、若榴、天浆，为安石榴科，石榴属，是落叶灌木或小乔木。花多红色，也有粉红色、白色、黄色及复色等。花期5到8月。栽培品种主要有白花石榴、银红石榴、海石榴、火石榴、花石榴、黄花石榴和金石榴等，以及优良品种青壳石榴、铜壳石榴、纽石榴、天仁蛋石榴、玛瑙石榴等。

石榴花可供观赏，果可食，为室内常见的盆栽植物之一，也是我国重要的观花观果花木。石榴花对一氧化碳、二氧化硫、氯、谜氧化氢、氟、乙烯、乙醚等可有效清除。还可吸收家用电器、塑料制品等散发出来的有害气体。

二、米兰

米兰又名米仔兰、树兰、碎米兰、山胡椒，为楝科，米兰属，常绿灌木或小乔木，多分枝。花期夏、秋两季为盛开期，其他时间也可开花。

米兰四季常绿，自初夏至晚秋，黄花灿灿，吐香不绝，沁人心脾。一盆在室，满屋清香，可有效消除室内异味，深得人们喜爱。米兰对居室的有害气体二氧化硫、氯、一氧化碳、过氧化氢、乙烯、乙醚等有害气体可吸收并清除。还可吸收家中电器、塑料制品等散发的有害气体。据测定，米兰若置于含氯气的空气中5小时，1000克叶子就能吸收0.0048克氯气，同时米兰的花卉能散发出具有杀菌作用的挥发油，对净化空气，促进身体健康有很好的作用。

科学研究表明，米兰的花香能有效地杀灭居室中的多种致病菌、增加氧气含量，能有效地起到净化空气的作用。米兰怕寒、喜光，朝北的房子最好不要摆放。米兰树态秀丽，枝叶茂密，叶色葱绿光亮，花香似兰，是深受人们喜爱的盆栽花卉，用于绿地内丛植、行植，也可以盆栽摆设。也是窨制花茶的鲜花之一。

三、万寿菊

万寿菊又名臭芙蓉、臭菊、万盏花、西番莲，为菊科万寿菊属，是一年生草本花卉。头状花序。单生梗端，花黄色或橘黄色、橙红色、乳白色、橘红色等，花期 6 至 10 月。同属常见栽培的有孔雀草，又名小万寿菊。

万寿菊花期长，种养容易，可盆栽。对一氧化碳、二氧化硫、氟、氯、乙醚、铅等有害气体有一定的抵抗能力，并能吸收部分有害气体；还可吸收家中电器、塑料制品等散发的有害气体。

此外，能净化一氧化碳的花卉植物还有肾蕨、贯众、水仙、蕙兰、木香、君子兰、发财树、百合、兰花和橡皮树、石榴花等。

净化氨气和苯的花卉植物

一、能有效净化居室氨气的花卉植物

（1）散尾葵

散尾葵又名紫葵，为棕榈科散尾葵属，是丛生常绿灌木或小乔木。花雌雄同株，小而呈金黄色，雄花萼片和花瓣各 3 片，雄蕊 6 枚，子房 3 室，有短的花柱和阔的柱头。果稍呈陀螺形，紫黑色，无内果皮。

散尾葵叶形优美，终年常绿，是我国重要的室内盆栽观叶植物。散尾葵蒸发量大，是室内天然的"增湿器"。散尾葵每平方米叶面积 24 小时可以清除 1.57 毫克的氨和 0.38 毫克的甲醛。此外，对二甲苯有吸收净化作用。

（2）灰莉

灰莉又名华灰莉木，商品名为非洲茉莉，为马钱科灰莉属。是常绿灌木或小乔木。花冠白色，漏斗状，有芳香。花期 5 月。

灰莉叶片油绿，花色洁白，为优良的室内盆栽观叶观花植物。灰莉每平方米叶片面积 24 小时可清除 1.29 毫克的氨气。

（3）白鹤芋

白鹤芋又名苞叶芋、白掌，为天南星科苞叶芋属。是多年生常绿草本观叶植物。常见的栽培品种有绿巨人、香水白掌、矮苞叶芋及玛娜洛埃苞叶芋等。

白鹤芋叶形优美，花洁白，观赏性强。白鹤芋的蒸发量较大，可提高室内的湿度。白鹤芋对氨气和丙酮有较强的抑制能力，还可过滤空气中的苯、三氯乙烯及甲醛等。被人喻为绿巨人的白鹤芋每平方米叶面积在 24 小时内可清除氨气 3.53 毫克和甲醛 1.09 毫克。

（4）孔雀竹芋

孔雀竹芋为竹芋科肖竹芋属，是多年生常绿草本观叶植物。株高 30 至 50 厘米，叶全缘，深紫色，叶表面密布斑纹。

孔雀竹芋观赏性强，为优秀的室内盆栽观叶植物。孔雀竹芋每平方米叶面积在 24 小时内可清除氨气 2.91 毫克、甲醛 0.86 毫克。

（5）马拉巴栗

马拉巴栗又名瓜栗、中美木棉，其商品名叫发财树，为木棉二科瓜栗属，是常绿乔木。花单生，白色，花期 4 到 5

月，果期 9 至 11 月。

马拉巴栗为我国室内常见的观赏植物，枝叶浓密，蒸发量大，可有效提高室内空气湿度，四季常青，能通过光合作用吸收有毒气体释放氧气。能比较有效地消除一氧化碳和二氧化碳的污染，对抵抗烟草废气有一定作用。其每平方米叶面积在 24 小时内可清除氨气 2.37 毫克、甲醛 0.48 毫克。

马拉巴栗树姿幽雅，色彩鲜艳，除编辫造型外，还可通过嫁接进行鹿、狗、海狮、游龙等动物造型。可用于各大宾馆、饭店、商场及家庭等场所室内的绿化装饰，气派非凡，是一种良好的庭院观赏树木。家居中一般将马拉巴栗摆放在客厅，一来取其"招财富贵"的寓意，二来可以用其发财树的雅称来吸收二氧化碳，释放氧气并吸收一部分吸烟产生的有害气体。

此外，能有效吸收有害气体氨的还有绿萝、红鹳花、矮牵牛、向日葵和合果芋等。

二、能有效净化居室苯的花卉植物

（1）黛粉叶

黛粉叶为天南星科多年生常绿草本，株高 1 米左右，叶片大，上有变化的白色或黄色斑块，园艺品种较多。

黛粉叶的汁液有毒，容易栽培，注意不要被小孩误食，尽量不要接触其汁液。黛粉叶叶片大，蒸腾作用强，可增加室内空气湿度。还可吸收室内装修材料所释放的苯、甲醛、氯等化学污染物。

（2）海芋

海芋又名滴水观音，为天南星科海芋属，是常绿草本植物。茎粗壮，高可达 3 米。叶片卵状戟形，叶片大。肉穗花序，果红色。当土壤湿润，空气湿度较大时，会从叶尖向下滴水。

海芋汁液有毒，防止被小孩误食叶片及果实。

海芋叶片大，终年翠绿，为优良的观赏叶植物。其蒸腾作用强，可增加室内空气湿度。海芋还可以清除房屋装修残留的有害气体，如苯、甲醛等，起到净化空气的作用。

（3）千年木

千年木又名红边竹蕉，为龙舌兰科常绿灌木。常见的品种有七彩千年木、虎斑千年木、花叶千年木、斑点千年木等。

千年木株形优美，色彩艳丽，是近年来流行的观叶植物。在抑制室内有害气体方面千年木能力极强，叶片及根部都能吸收室内有害气体，如苯、甲苯、二甲苯、三氯乙烯和甲醛等，可将有害气体分解为无毒物质。

此外，还有菊花、一叶兰、龙舌兰、芦荟、虎尾兰、非洲菊等花卉植物能有效地净化室内有害气体苯。

净化颗粒物的花卉植物

一、无花果

无花果又名隐花果、密果、奶浆果、文仙果，为桑科无花果属，即榕属。无花果是落叶灌木或小乔木，高约 3 到 5 米，枝叶粗壮、光滑无毛。隐头花序，雌雄异花，花隐于花托内，着生于新梢的叶腋间，新梢渐伸出，花序也渐渐肥大而形成果，因此见果不见花，故名。

无花果可以吸滞灰尘，净化室内空气；鲜株还可以杀灭部分细菌及吸收部分有害物质，如抗氟吸氟能力比一般花木强160倍。

二、桂花

桂花又名木樨、丹桂、岩桂，为木樨科木樨属。桂花是常绿灌木或乔木。花冠黄白色，极芳香，花色有乳白、黄、橙红等色，花期秋季。桂花分为四季桂、丹桂、银桂和金桂4个品种群，为我国著名的芳香树种。

桂花为我国十大名花之一，桂花香味可消除室内异味。桂花产生的挥发性油类具有一定的杀菌作用，对结核杆菌、肺炎球菌、葡萄球菌的生长繁殖具有明显的抑制作用。桂花所具的纤毛能吸收空气中的飘浮微粒及烟尘。

三、橡皮树

橡皮树又称印度榕、印度橡胶，为桑科榕属常绿木本观叶槽物。常绿大乔木，盆栽高1到2米，树皮光滑，有白售乳汁，片较大，厚厚的，呈草质，具有光泽，外形为圆形或长椭圆形。叶表面暗绿色，叶背面淡绿色，开始时包在顶芽外，新叶伸展后托叶脱落，并在枝条上留下脱叶痕。

常见的品种有：花叶品种为绿色叶片有黄白色的斑块，更为美丽悦目；金链橡皮树，叶片具有金黄色边，入秋更为明显。

橡皮树原产印度及马来西亚等地，现我国各地都有栽培。它是一种既显高贵又容易养护的常见观叶植物。

橡皮树是一种消除有害物质的"多面手"，对空气中一氧化碳、二氧化碳、氟化氢等有害气体有一定的抗性。橡皮树还能消除可吸入颗粒物的污染，对室内灰尘能起到有效的滞尘作用。

橡皮树的叶片肥厚而绮丽，叶片宽大美观具有光泽，红色的顶芽状似浮云，托叶裂开后恰似红缨倒垂，颇具风韵。因此它是一种观赏价值较高的盆栽观叶植物。橡皮树叶大且光亮，四季常青，所以极适合室内美化布置。中、小型植株常用来美化客厅、书房；中、大型植株适合布置在大型建筑物的门厅两侧及大堂中央，显得雄伟壮观，还可体现热带风情。橡皮树虽喜阳但又耐阴，对光线的适应性强，再加上它对一氧化碳、二氧化碳以及可吸入颗粒物有一定消除作用，所以在厨房放上一盆小型的橡皮树，也是很适合的选择。

此外，还有木槿、夹竹桃、兰花、山茶花、爬山虎、蓬莱蕉、一叶兰和兰花、芦荟等花卉植物均能有效地吸收室内空气中的颗粒物。

净化室内电磁辐射和氡气的花卉植物

一、能有效净化居室有害气体氡气的花卉植物

杜鹃花科的植物，其具有吸收放射性物质的奇特功能。居室中装修后摆放几盆牛皮杜鹃、细叶杜鹃、宽叶杜鹃或兴安杜鹃，都能吸收居室中的放射性物质。

二、能有效抵抗居室电磁辐射的花卉植物

大多数仙人掌和多肉植物，如宝石花、景天，都能有效地减少电脑等家用电器的电磁辐射，国外很多大型计算机房

内常摆放了大大小小的仙人掌。如在有计算机的房间内搞点绿化，首选的花卉无疑是这类植物。

净化其他有害气体的花卉植物

一、能有效净化硫化氢、氟化氢、氯化氢的花卉植物

（1）净化有害气体硫化氢的花卉植物——君子兰

君子兰原产热带，石蒜科，属多年生绿草本植物，是著名的温室花卉。我国有从欧洲和日本传入的两个品种。前者花小而下垂，称垂笑君子兰；后者花大而向上，称大花君子兰，是目前我国栽培最普遍的一个品种。

君子兰叶片宽阔呈带形，质地硬而厚实，并有光泽及脉纹。花梃儿自叶腋中抽出，一般具有 20 至 25 片叶时才开花。盛花期自元旦至春节，也有在夏季 6 至 7 月间开花的。

君子兰的花朵不像牡丹花那样富丽堂皇，也不像茉莉花那样芳香浓郁，更没有月季花的艳丽多姿，但它叶色苍翠有光泽，花朵向上形似火炬，花色橙红，端庄大方，是美化环境的理想盆花，垂笑君子兰花朵下垂，含蓄深沉，高雅肃穆，另有一番韵味。

一株成年君子兰，一昼夜能吸收 1 升空气，释放 80％的氧气，在极微弱的光线下也能发生光合作用。在十几平方米的室内，有两三盆君子兰，就可以把室内的烟雾吸收掉。特别是在北方寒冷的冬天，由于门窗紧闭，室内空气不流通，君子兰会起到很好的调节空气的作用，保持室内空气清新。

君子兰花如其名，姿态优雅，气质雍容，具有很高的观赏价值。在一般家庭中，在客厅摆放君子兰尤其能体现主人高贵的气质。但不宜放在卧室，因夜间君子兰会消耗氧气吐出二氧化碳，不利于睡眠和人体健康。

能净化有害气体硫化氢的还有蜀葵、菊花、大丽花、木香、月季、山茶紫薇等。

（2）净化有害气体氟化氢的花卉植物有——紫藤

紫藤又名藤萝、朱藤、藤蔓、藤花、葛花、葛藤、藤萝树，为豆科紫藤属。落叶攀附灌木。总状花序侧生，下垂，花冠蝶形，青紫色，稍有芳香，花期 4 到 5 月。在开花期间，花儿夜夜含苞，朝朝新放，大串大串紫花倒垂，仿佛彩蝶飞舞，幽香扑鼻，浓阴下成为乘凉的好地方。

紫藤喜攀爬，一有依附，一律向右缠绕。紫色花朵是它的本色，是最常见的品种，由此得名紫藤。另有一种开白色的品种，叫作银藤，抗寒性较差。另外，由于花叶的不同，还有花叶、粉花、重瓣等品种。它们都能散发浓郁的芳香。

紫藤原产我国中部地区。分布在山东、河南、江苏、浙江、湖北、四川、广东各省，普遍栽培，性喜光，耐寒、耐旱、适应性强，栽培的要求排水良好，土质肥沃。

紫藤对二氧化硫、氯气和氟化氢等有害气体有较强的抗性。另外，紫藤花、茎皮药用，能解毒驱虫，止吐泻。花穗可做菜食，种子入药。在园中最适合花架、绿廊垂直绿化，也做盆栽，造型观赏。

香豌豆又名豌豆花、麝香豌豆，为豆科香豌豆属一二年生藤蔓草本花卉。总状花序，蝶形，花色有白、粉红、榴红、大红、蓝、堇紫及深褐色，或显斑点、条纹，具芳香，也有带斑点或镶边等复色品种。花期 12 月至第二年 4 月。

香豌豆原产意大利，我国各地也有栽培。喜冬季温和气候，不耐炎热。喜排水良好的碱性土。做绕短篱或盆架观赏，做阳台支架的垂直装饰。

香豌豆为优良的盆栽花卉。对氟化氢有很强的抗性，还可用来防二氧化硫的污染。

此外，能净化有害气体氟化氢的花卉植物还有一叶兰、菊花、蜀葵、夹竹桃、凤尾兰、木香、丁香、桂花、杨梅、合欢、鸡冠花、月季、山茶、天竺葵、枸骨、黄杨、橡皮树和芦荟。

（3）净化有害气体氯化氢的花卉植物有：木槿、菊花、凤尾兰、木芙蓉石竹。

二、能有效净化三氯乙烯、氯气、氟、乙烯、乙醚、过氧化氢的花卉植物

（1）净化有害气体三氯乙烯的花卉植物有：虎尾兰、芦荟、常春藤、千年木、月季、蔷薇和万年青。

（2）净化有害气体氯气的花卉植物有：黛粉叶、万寿菊、山茶花、紫薇、石榴花、紫藤、木槿、夹竹桃、凤尾兰、棕榈、木芙蓉、石竹、合欢、鸡冠花、扶桑、月季、桂花、天竺葵、枸骨、黄杨、大花美人蕉。

（3）净化有害气体氟的花卉植物有：万寿菊、石榴花和大花美人蕉。

（4）净化有害气体乙烯的花卉植物有：紫薇和石榴花。

（5）净化有害气体过氧化氢的花卉植物有：紫薇和石榴花。

（6）净化有害气体乙醚的花卉植物有：石榴花、紫薇和

万寿菊。

三、能有效净化烟雾、消除细菌污染的花卉植物

（1）净化烟雾的花卉植物——鸭掌木

鸭掌木是吸烟家庭净化烟雾的花卉植物，给吸烟家庭带来新鲜空气。它漂亮的鸭掌形叶片可以从烟雾弥漫的空气中吸收尼古丁和其他有害物质，并通过光合作用将之转换为无害的对植物有用的物质。另外，它每小时能把甲醛浓度降低大约 9 毫克。

能有效净化烟雾的还有君子兰、广玉兰、桂花。

（2）净化油烟的花卉植物——冷水花

冷水花的独特功能是消除油烟污染。这一特点在其他花卉植物中是不多见的，所以是厨房最佳种植的花卉植物。

冷水花是一种叶片花纹美丽的小型盆栽观赏植物。其绿色叶片脉间银白的条斑，似白雪飘落，甚为美观。它十分耐阴，适于中、小盆栽培，在较明亮的室内可常年栽培观赏，是一种很容易栽培的观赏植物，配上淡黄色或紫红色的花盆，置于茶几、案头、花架以及悬吊于屋角、窗边都很合适，且秀雅别致。

冷水花消除油烟污染的功能，成就了它在厨房或者餐桌附近的最佳选择。

（3）消除细菌的花卉植物——牵牛花、孛罗兰等

牵牛花又名裂叶牵牛、大花牵牛、朝颜、黑丑、白丑，为旋花科牵牛属一年生攀缘花卉。花色丰富，有粉红、白、蓝、粉、红及复色等多种颜色，多单瓣，稀重瓣。因各地栽培时间不同，花期也有差异，一般为 6 到 10 月。蒴果球形；种子三棱形。

牵牛花原产南美。我国广西分布，各地栽培。喜向阳，不耐寒而耐干旱。为夏季最常见的蔓性草花，是垂直绿化及小型花架的常用材料。种子可药用。

牵牛花品种多，花色丰富，花期长，为居家栽培的优秀品种。牵牛花分泌出来的杀菌素能杀死空气中的某些细菌，抑制某些病的产生。牵牛花还能吸收空气中的有害气体，如二氧化硫，经氧化作用将其转化为无毒性或低毒性的硫酸盐等物质。

紫罗兰又名单桂花，为十字花科紫罗兰属，二年或多年生草本花卉。总状花序顶生或腋生，花梗粗；花紫、淡黄、粉红、深红、纯白、鲜黄、蓝紫等颜色，微香。花期依品种不同，有春紫罗兰4至5月开花；夏紫罗兰6至8月开花，生长期100至50天；秋紫罗兰7至9月开花。

紫罗兰原产地中海，各地有栽培。喜光好凉爽，冬季能耐－5摄氏度的低温，为春季的主要花卉；也做切花或盆栽观赏。

紫罗兰香气淡雅，为优秀的室内盆栽花卉。紫罗兰散发的香味对结核杆菌、肺炎球菌、葡萄球菌的生长繁殖具有明显的抑制作用。通过叶片可以吸收毒性很强的二氧化硫气体，经氧化作用将其转化为无毒性或低毒性的硫酸盐等物质。

还有铃兰、紫薇、桂花、茉莉、金橘、月季、仙人掌、丁香、金银花、桉树、天门冬、大戟、柑橘和迷迭香等花卉植物能消除细菌。

四、能有效消除重金属污染的花卉植物

（1）消除重金属铬的花卉植物——金橘

金橘又名金柑、金枣、金弹，为芸香科金橘属常绿灌木或小乔木，多盆栽，是重要的年宵花卉之一。花乳白色，花期 6 至 8 月，果小，长约 3 厘米，成熟后成金黄色，秋冬为果熟期。

金橘原产于我国长江中下游流域，喜光照、温暖湿润的气候条件，稍能耐阴。不耐寒，南方可露天越冬，北方需入室栽培。

金橘果实可赏可食，为岭南地区室内春节必备花卉之一。金橘、四季橘和朱砂橘等芸香科植物，密生油点，挥发物可抑制细菌，有防止霉变的功能，还能预防感冒。也可吸收家中电器、塑料制品等散发的有害气体。

紫藤也能消除重金属铬污染。

（2）消除重金属汞的花卉植物有：菊花、腊梅、夹竹桃、棕榈和广玉兰。

（3）消除重金属铅的花卉植物有：万寿菊、石榴花和菊花。

家里适合种什么植物

绿色植物对居室的污染空气具有很好的净化作用。美国科学家威廉·沃维尔经过多年测试，发现各种绿色植物都能有效地吸收空气中的化学物质并将它们转化为自己的养料：在 24 小时照明的条件下，芦荟消灭了 1 立方米空气中所含的 90％的醛，常青藤消灭了 90％的苯，龙舌兰可吞食 70％的苯、50％的甲醛和 24％的三氯乙烯，垂挂兰能吞食 96％的一氧化碳、86％的甲醛。绿色植物对有害物质的吸收能力之强，令人吃惊。事实上，绿色植物吸入化学物质的能力大部分来自于盆栽土壤中的微生物，而并非主要来自叶子。在居室中，每10平方米栽一两盆花草，基本上就可达到清除污染的效果。这些能净化室内环境的花草有以下这些。

（1）芦荟、吊兰和虎尾兰，可清除甲醛。15平方米的居室，栽两盆虎尾兰或吊兰，就可保持空气清新，不受甲醛之害。虎尾兰，白天还可以释放出大量的氧气。吊兰，还能排放出杀菌素，杀死病菌，若房间里放有足够的吊兰，24小时之内，80％的有害物质会被杀死；吊兰还可以有效地吸收二氧化碳。

（2）紫菀属、黄耆、含烟草和鸡冠花，这类植物能吸收大量的铀等放射性核素。

（3）常青藤、月季、蔷薇、芦荟和万年青，可有效清除室内的三氯乙烯、硫化氢、苯、苯酚、氟化氢和乙醚等。

（4）桉树、天门冬、大戟、仙人掌，能杀死病菌。天门冬，还可清除重金属微粒。

（5）常春藤、无花果、蓬莱蕉和普通芦荟，不仅能对付从室外带回来的细菌和其他有害物质，甚至可以吸纳连吸尘器都难以吸到的灰尘。

（6）龟背竹、虎尾兰和一叶兰，可吸收室内80％以上的有害气体。

（7）柑橘、迷迭香和吊兰，可使室内空气中的细菌和微生物大为减少。

（8）月季，能较多地吸收硫化氢、苯、苯酚、氯化氢、乙醚等有害气体。

（9）紫藤，对二氧化硫、氯气和氟化氢的抗性较强，对铬也有一定的抗性。

噪声对人的危害

随着工业生产、交通运输、城市建筑的崛起，以及人口密度的增加，家庭设施（音响、空调、电视机等）的增多，环境噪声日益严重，已成为污染人类社会环境的一大公害，几乎每个城市居民每天都要遭受噪声之苦。

什么是噪声？通俗地说，凡是使人烦躁的、讨厌的、不需要的声音都叫噪声。音乐、歌声，本来都是美妙之音，但对于正在睡眠的人来说，是吵闹的、不需要的声音，所以也是噪声。人们过去只注意噪声对听力的影响，而忽略了它对心血管系统、神经系统、内分泌系统均有影响，所以称它为"致人死命的慢性毒药"。噪声对人的危害主要有：

一、干扰休息和睡眠

休息和睡眠是人们消除疲劳、恢复体力和维持健康的必要条件。但噪声使人不得安宁，难以休息和入睡。当人辗转反侧不能入睡时，便会心态紧张，呼吸急促，脉搏跳动加剧，大脑兴奋不止，第二天就会感到疲倦，或四肢无力。从而影响到工作和学习，久而久之，就会得神经衰弱症，表现为失眠、耳鸣和疲劳。

二、损伤听觉、视觉器官

我们都有这样的经验，从飞机上下来或从轰鸣的车间里出来，耳朵总是嗡嗡作响，甚至听不清别人说话的声音，过一会儿才会恢复，这种现象叫作听觉疲劳。这是人体听觉器官对外界环境的一种保护性反应。如果长时间遭受强烈噪声作用，听力就会减弱，进而导致听觉器官的器质性损伤，可造成听力下降。

三、对人体的生理影响

噪声是一种恶性刺激物，长期作用于中枢神经系统，可使大脑皮层的兴奋和抑制失调，条件反射异常，可出现头晕、头痛、耳鸣、多梦、失眠、心慌、记忆力减退、注意力不集中等症状；严重者，可产生精神错乱。噪声可引起植物神经系统功能紊乱，表现为血压升高或降低，心率改变，心脏病加剧。噪声会使人的唾液、胃液分泌减少，胃酸降低，胃蠕动减弱，食欲不振，从而引起胃病和胃溃疡。噪声对人的内分泌机能也会产生影响，如导致女性性机能紊乱，月经失调，流产率增加等。噪声对儿童的智力发育和心脑功能发育也有不利影响。

噪声对孩子成长的影响

家庭、幼儿园、学校的噪声来源是多种多样的。如电视机、录音机、收音机、音箱、大喇叭、课间教室内外学生的大声喧哗、部分电动玩具、机械玩具等。现在一些大商场里都设有游戏场所，这些场所里的游戏机、电动车等噪声也很大。

长期处在噪声中会使人的植物神经系统和心血管系统受损，消化机能减弱或紊乱等。长期生活在吵闹的环境中，易使孩子听力下降，注意力不集中，做事效率低，出错多。噪声会影响孩子的睡眠，表现为入睡困难，深度睡眠时间缩短。另外，噪声还会影响胎儿的大脑发育，使正在学说话的孩子学话慢。

因此，在给孩子们看电视，听收音机、录音机时，家长和老师们一定要注意不要把音量调得太大，不要让孩子玩过于吵闹的玩具，不要在吵闹的游戏场所待的时间过长等。另外，不要经常长时间戴耳机听收音机、录音机，据测定，从耳机里传出的声音最大可达 90 分贝以上，特别是在马路上、汽车上等一些公共场所，有些人为了听清耳机中的声音，经常要把音量调大，这样对耳朵的刺激更大，久而久之会使听力下降。

在日常生活中，希望家长和老师努力给孩子创造良好的声音环境，让孩子们健康成长。

家庭消毒的正确方法

家庭成员与社会接触频繁，常易将呼吸道传染病病菌带入家庭。家庭中一旦发生传染病时，应及时做好重点环节的消毒，以防在家庭成员中传播。

一般性消毒：主要是指在家中消毒，如空气、地面和家具表面、手、餐具、衣被和毛巾等的日常消毒。

空气消毒——可采用最简便易行的开窗通风换气方法，每次开窗 10 到 30 分钟，使空气流通，让病菌排出室外。

餐具消毒——可连同剩余食物一起煮沸 10 到 20 分钟，也可用 500 毫克/升的有效氯或浓度 0.5％的过氧乙酸浸泡消毒半小时到 1 小时。餐具消毒时要全部浸入水中，消毒时间从煮沸时算起。

手消毒——要经常用流动水和肥皂洗手，在饭前、便后、接触污染物品后最好用含 250 至 1000 毫克/升的 1210 消毒剂或 250 至 1000 毫克/升有效碘的碘伏或用经批准的市售手消毒剂消毒。

衣被、毛巾等消毒——宜将棉布类与尿布等煮沸消毒 10 到 20 分钟，或用 0.5％过氧乙酸浸泡消毒半小时到 1 小时，对于一些化纤织物、绸缎等只能采用化学浸泡消毒方法。

要使家庭中消毒达到理想的效果，还需注意掌握消毒药剂的浓度与时间要求，这是因为各种病原体对消毒方法抵抗力不同所致。

另外，配制消毒药物时，如果家中没有量器也可采用估计方法。可以这样估计：一杯水约 250 毫升，一面盆水约 5000 毫升，一桶水约 10000 毫升，一痰盂水约 2000 到 3000 毫升，一调羹消毒剂约相当于 10 克固体粉末或 10 毫升液体，如需配制 10000 毫升 0.5％过氧乙酸，即可在 1 桶水中加入 5 调羹过氧乙酸原液调制而成。

垃圾分类回收

研究垃圾问题的专家们认为：一方面可以把有毒有害的东西区分开来处理，杜绝垃圾污染环境；另一方面还可以回收利用，提取有用资源循环使用。

垃圾分类收集便于统一处理，减少有毒害的垃圾进入地下或空气中，污染土壤、河流、地下水以及大气等自然环境，最大限度地杜绝这些垃圾危害人们的身体健康，保障人们居住环境的清洁优美。

垃圾分类收集是有良好经济价值的：每利用 1 吨废纸，可造纸 800 千克，相当于节约木材 4 立方米或少砍伐树龄 30 年的树木 20 棵；每利用 1 吨废钢铁，可提炼钢 900 千克，相当于节约矿石 3 吨；1 吨废玻璃回收后，可生产一块篮球场面积的平板玻璃或 500 克瓶子 2 万只；用 100 万吨废弃食物加工饲料，可节约 36 万吨饲料用谷物，可生产出 4.5 万吨以上的猪肉。所有这些分类后的垃圾都能转化成为我们生活中可持续发展的资源。

生活垃圾分为三大类：

有害垃圾——主要是指废旧电池、荧光灯管、水银温度计、废油漆桶、腐蚀性洗涤剂、医院垃圾、过期药品、含辐射性废弃物等。

湿垃圾（有机垃圾）——即在自然条件下易分解的垃圾，主要是厨房垃圾。如果皮、菜叶、剩饭菜食物等。

干垃圾（无机垃圾）——即废弃的纸张、塑料、玻璃、金属、织物等，还包括报废车辆、家电家具、装修废弃物等大型的垃圾。绝大多数的干垃圾均可分类回收后加以利用。

分类垃圾怎么投放？

对于封闭式高层住宅，在每个楼层分层投放（即每个楼层设置一个回收桶，专收一种分类后的垃圾）；一般的低层住宅或平房住宅地区，则在小区内、街道边设置分类垃圾箱，各家的垃圾按要求投放。市容环卫部门会根据垃圾的不同，实行填埋、焚烧等方法处理。有时，市政部门为方便行人，在街道旁边设有分为"可回收物"和"不可回收物"（或者称"废弃物"）的两面垃圾箱。

怎么判别哪些垃圾可回收，哪些垃圾是废弃物，然后粗略地做到垃圾分类呢？

"可回收物"主要包括废纸、塑料、玻璃、金属和织物五类，举例说明如下。

（1）废纸：包括报纸、期刊、图书、各类包装纸、办公用纸、广告纸、包装纸盒等，但是纸巾和厕所纸由于水溶性太强不可回收。

（2）塑料：包括各种塑料袋、塑料包装物、一次性塑料餐盒和餐具、牙刷、杯子、矿泉水瓶等。

（3）玻璃：包括各种玻璃瓶、碎玻璃片、镜子、灯泡、暖瓶胆等。

（4）金属物：主要包括易拉罐、罐头盒、牙膏皮、各类金属零件等。

（5）织物：包括废弃衣服、桌布、洗脸巾、布书包、布鞋等。

在仅有两个投入口的分类垃圾箱前，可回收以外的垃圾基本上都被算作"不可回收物"（即废弃物）。比如：烟头、鸡毛、煤渣、油漆、颜料、废电池、食品残留物、建筑垃圾，等等。由于废旧电池严重危害环境和人体健康，建议大家最好将它们投放到专门的回收装置内。"不可回收物"不等于绝对不能回收，而是因为技术处理、人工、环保等多种条件所限暂时无法被有效利用。

　　如果在有条件的情况下，我们还是应该尽可能地将垃圾逐一细分。

　　有害垃圾的一般回收做法是——垃圾装袋后投放到红色收集容器内，或根据回收要求和条件细分。

　　湿垃圾（有机垃圾）的一般回收做法是——垃圾装袋后投放到黑色收集容器内，或根据回收要求和条件细分。

　　干垃圾（无机垃圾）的一般回收做法是——垃圾装袋后投放到绿色收集容器内，或根据回收要求和条件细分。

　　垃圾是放错了地方的财富，分类回收垃圾可以节约新资源的开采，从根本上减少垃圾。垃圾的正确分类与投放，既关系着我们的健康，也是举手之劳的环保行动，每个人从自身做起，养成良好的生活习惯，家园环境才会更加美好！